ABHANDLUNGEN DER DEUTSCHEN AKADEMIE
DER WISSENSCHAFTEN ZU BERLIN

Klasse für Mathematik und allgemeine Naturwissenschaften
Jahrgang 1951 Nr. 1

HELMUT HASSE

ALLGEMEINE THEORIE DER GAUSSSCHEN SUMMEN IN ALGEBRAISCHEN ZAHLKÖRPERN

1951

AKADEMIE-VERLAG BERLIN

Vorgetragen in der Gesamtsitzung vom 11. Januar 1951
Zum Druck genehmigt am gleichen Tage, ausgegeben am 20. August 1951

Printed in Germany

Erschienen im Akademie-Verlag GmbH., Berlin NW 7, Schiffbauerdamm 19
Lizenz-Nr. 156 · 100/18/51
Satz und Druck: Deutsche Wertpapier-Druckerei VEB, Leipzig III/18/185
Bestell- und Verlagsnummer: 2001/51/I/1
Preis: DM 3,—

Inhalt

Einleitung

In meinem kürzlich erschienenen Buch „Vorlesungen über Zahlentheorie" [11] habe ich am Schluß eine systematische Theorie der Gaußschen Summen zum rationalen Zahlkörper entwickelt, die von den formalen und begrifflich-algebraischen Grundlagen zu den tieferliegenden arithmetischen Eigenschaften und Fragestellungen aufsteigt. Eine entsprechende systematische Behandlung der von *Hecke* [1, 4] — siehe auch *Landau* [2] — eingeführten Verallgemeinerung der Gaußschen Summen auf algebraische Zahlkörper ist bisher nicht gegeben worden. Die vorliegende Abhandlung soll die formalen Grundlagen einer solchen Theorie in weitgehender Analogie zu dem in [11] (§ 20, 1, 2) behandelten rationalen Spezialfall entwickeln.

Es handelt sich dabei vornehmlich um eine klare Fassung der verschiedenen in die Definition eingehenden Gegebenheiten nebst ihren gegenseitigen Abhängigkeiten, weiter die Einführung einer geeigneten Terminologie, das Herausstellen der Beziehungen zwischen den verschiedenen Definitionsmöglichkeiten, die Herleitung der formalen Regeln und die Zurückführung der allgemeinsten Gaußschen Summen auf die in den meisten Anwendungen auftretenden normierten Gaußschen Summen. Zum Schluß wird, allerdings vorerst leider nur unter Beiseitelassen der komplizierteren Typen, die Beziehung zu den Gaußschen Summen über endlichen Körpern entwickelt.

Auf die begrifflich-algebraische Bedeutung der Gaußschen Summen als spezielle Lagrangesche Resolventen für zyklische relative Kreiskörper wird nicht eingegangen. Ebenso bleiben die tieferliegenden arithmetischen Anwendungen auf Klassenzahlbestimmung, Reziprozitätsgesetz und additive Primzahltheorie, wie sie von *Hecke* [3, 6, 7], *Mordell* [5], *Rademacher* [8], *Cramer* [9], *Kunert* [10] gegeben bzw. neu dargestellt wurden, hier außer Betracht. Für diese bisher nur durch tiefere analytische Hilfsmittel, wie Thetatransformation oder komplexe Integration herleitbaren arithmetischen Ergebnisse, wäre eine möglichst weitgehend algebraisch-arithmetische Begründung zu wünschen, analog zu der bekannten, fast reinarithmetischen Wendung, die Kronecker der Vorzeichenbestimmung der normierten quadratischen Gaußschen Summen im rationalen Zahlkörper gegeben hat [1].

---

[1] Siehe etwa im Hilbertschen Zahlbericht, § 124.

§ 1. Definition

1. Es sei K ein endlich-algebraischer Zahlkörper mit dem reziproken Differentendivisor $\mathfrak{d}^{-1} = \tilde{1}$.

Für Zahlen x aus K werde zur Abkürzung

$$e(x) = e^{2\pi i S(x)}$$

gesetzt, wo S die Spur in K bedeutet. Diese Exponentialfunktion liefert einen Homomorphismus der Additionsgruppe K^+ in (und sogar auf) die Gruppe aller Einheitswurzeln, bei dem alle Zahlen $x_0 \equiv 0 \bmod^+ \tilde{1}$ auf 1 abgebildet werden, so daß also $e(x)$ nur von der additiven Restklasse $x \bmod^+ \tilde{1}$ abhängt.

Es seien nun gegeben:

(1) Ein *Kongruenzcharakter* χ in der Divisorengruppe D von K. Sein Führer sei $\mathfrak{f}\mathfrak{u}$, zerlegt in den endlichen Bestandteil $\mathfrak{f}$ (ganzer Divisor von K) und den unendlichen Bestandteil $\mathfrak{u}$ (Produkt aus verschiedenen reellen unendlichen Primstellen von K). Genauer gesagt ist dann χ ein Homomorphismus der Untergruppe $D_{\mathfrak{f}}$ aller zu $\mathfrak{f}$ primen Divisoren $\mathfrak{x}$ von K in die Gruppe aller Einheitswurzeln, bei dem alle Zahlen $x_1 \equiv 1 \bmod \mathfrak{f}\mathfrak{u}$ auf 1 abgebildet werden, so daß also $\chi(\mathfrak{x})$ nur von der Strahlklasse $\mathfrak{x} \bmod \mathfrak{f}\mathfrak{u}$ abhängt; und es gibt keinen echten Teiler $\mathfrak{f}'\mathfrak{u}'$ von $\mathfrak{f}\mathfrak{u}$ derart, daß auch alle (zu $\mathfrak{f}$ primen) Zahlen $x_1' \equiv 1 \bmod \mathfrak{f}'\mathfrak{u}'$ auf 1 abgebildet werden. Für zu $\mathfrak{f}$ nicht prime, ganze Divisoren $\mathfrak{x}$ werde $\chi(\mathfrak{x}) = 0$ gesetzt.

(2) Ein *Erklärungsmodul* $\mathfrak{m}\mathfrak{w}$ von χ, also irgendein Vielfaches von $\mathfrak{f}\mathfrak{u}$, entsprechend zerlegt in den endlichen Bestandteil $\mathfrak{m}$ und den unendlichen Bestandteil $\mathfrak{w}$, wobei also $\mathfrak{f} \mid \mathfrak{m}$ und $\mathfrak{u} \mid \mathfrak{w}$ ist. Es kommt dann zunächst nur auf den durch χ gelieferten Homomorphismus der Untergruppe $D_{\mathfrak{m}}$ aller zu $\mathfrak{m}$ primen Divisoren von K an.

(3) Ein *Hilfsdivisor* $\mathfrak{a}$ von K; mit $\tilde{\mathfrak{a}}$ sei sein komplementärer Divisor bezeichnet, definiert durch $\mathfrak{a}\tilde{\mathfrak{a}} = \mathfrak{d}^{-1} = \tilde{1}$.

(4) Ein *Parameter* $n \neq 0$ aus K mit der Eigenschaft

$$n \equiv 0 \bmod^+ \frac{\tilde{\mathfrak{a}}}{\mathfrak{m}},$$

so daß also

$$n \cong \tilde{\mathfrak{a}} \frac{\mathfrak{n}}{\mathfrak{m}}$$

mit einem ganzen Divisor $\mathfrak{n}$ von K ist.

Additiv zu verstehende Kongruenzen werden im folgenden immer durch ein Pluszeichen hinter mod gekennzeichnet; fehlt dieses, so ist die gewöhnliche Kongruenz im Bereich der ganzen Zahlen von K gemeint bzw. bei Divisoren die Strahläquivalenz.

Die zu den Gegebenheiten χ, $\mathfrak{m}\mathfrak{w}$, $\mathfrak{a}$, n aus (1), (2), (3), (4) gehörige *allgemeine Gaußsche Summe* sei folgendermaßen definiert und bezeichnet:

$$\tau_n(\chi, \mathfrak{m}\mathfrak{w} \mid \mathfrak{a}) = \sum_{\substack{x \bmod^+ \mathfrak{m}\mathfrak{a},\ x \equiv 0 \bmod^+ \mathfrak{a} \\ x \cong \mathfrak{x}\mathfrak{a},\ (\mathfrak{x}, \mathfrak{m}) = 1 \\ x \equiv 1 \bmod \mathfrak{w}}} \chi(\mathfrak{x})\, e(xn).$$

Es soll also x ein primitives, für $\mathfrak{w}$ positiv normiertes Restsystem aus dem Ideal der Vielfachen von $\mathfrak{a}$ in K nach dem Ideal der Vielfachen von $\mathfrak{m}\mathfrak{a}$ in K durchlaufen, wobei primitiv bedeutet, daß die nach Wegdivision des Divisors $\mathfrak{a}$ verbleibenden ganzen Divisoren $\mathfrak{x}$ prim zu $\mathfrak{m}$ sein sollen. Ein solches Restsystem besteht aus $\Phi(\mathfrak{m})$ Gliedern, wo Φ die Eulersche Funktion in K bezeichnet. Auf die Auswahl des Restsystems kommt es nicht an. Sind nämlich $x \cong \mathfrak{x}\mathfrak{a}$, $x' \cong \mathfrak{x}'\mathfrak{a}$ zwei für $\mathfrak{w}$ positiv normierte Vielfache von $\mathfrak{a}$ mit zu $\mathfrak{m}$ primen $\mathfrak{x}, \mathfrak{x}'$ und ist $x' \equiv x \bmod^+ \mathfrak{m}\mathfrak{a}$, so hat man einerseits $\mathfrak{x}' \sim \mathfrak{x} \bmod \mathfrak{m}\mathfrak{w}$, also $\chi(\mathfrak{x}') = \chi(\mathfrak{x})$, und andrerseits $x'n \equiv xn \bmod^+ \tilde{1}$, also $e(x'n) = e(xn)$. Für den Parameter n kommt es nur auf die Restklasse $n \bmod^+ \tilde{\mathfrak{a}}$ an.

2. Entsprechend der Tatsache, daß $\chi(\mathfrak{x})$ nur von der Strahlklasse $\mathfrak{x} \bmod \mathfrak{m}\mathfrak{w}$ abhängt, läßt sich die Summation folgendermaßen aufspalten:

$$\tau_n(\chi, \mathfrak{m}\mathfrak{w} \mid \mathfrak{a}) = \sum_{\substack{\mathfrak{x} \bmod \mathfrak{m}\mathfrak{w} \\ \mathfrak{x}\mathfrak{a} \sim 1 \bmod \mathfrak{w} \\ \mathfrak{x} \text{ ganz}}} \chi(\mathfrak{x}) \sum_{\substack{x \bmod^+ \mathfrak{m}\mathfrak{a} \\ x \cong \mathfrak{x}\mathfrak{a},\; x \equiv 1 \bmod \mathfrak{w}}} e(xn).$$

Hierbei durchläuft $\mathfrak{x}$ ein ganzes Vertretersystem derjenigen Strahlklassen $\bmod \mathfrak{m}\mathfrak{w}$, in welche die Strahlklasse $\mathfrak{a}^{-1} \bmod \mathfrak{m}$ zerfällt, und für jeden solchen Vertreter $\mathfrak{x}$ dann x ein vermöge $x \cong \mathfrak{x}\mathfrak{a}$ zugeordnetes volles System für $\mathfrak{w}$ positiver, $\bmod \mathfrak{m}$ inkongruenter Assoziierter. Diese Aufspaltung entspricht der aus den Grundlagen der Strahlklassentheorie bekannten Aufspaltung der Gliederanzahl $\Phi(\mathfrak{m}) = h_{\mathfrak{w}}(\mathfrak{m})\, e_{\mathfrak{w}}(\mathfrak{m})$ in die Anzahl $h_{\mathfrak{w}}(\mathfrak{m})$ der Strahlklassen $\bmod \mathfrak{m}\mathfrak{w}$ in jeder Strahlklasse $\bmod \mathfrak{w}$ von K und die Anzahl $e_{\mathfrak{w}}(\mathfrak{m})$ der für $\mathfrak{w}$ positiven, $\bmod \mathfrak{m}$ inkongruenten Einheiten aus K. Im folgenden wird es jedoch auf diese für die Theorie der abelschen L-Funktionen $L(s \mid \chi)$ über K wichtige Schreibweise der Gaußschen Summen nicht ankommen.

3. Um die Durchsichtigkeit der nachstehend für die allgemeinen Gaußschen Summen zu entwickelnden formalen Regeln zu erhöhen, ist es zweckmäßig, in die Bezeichnung auch noch den durch den Hilfsdivisor $\mathfrak{a}$ und den Parameter n gemäß

$$n \cong \tilde{\mathfrak{a}}\, \frac{\mathfrak{n}}{\mathfrak{m}}$$

bestimmten ganzen Divisor $\mathfrak{n}$ als weiteren, abhängigen Parameter aufzunehmen. Dies möge durch die im folgenden meist verwendete, aufgefüllte Schreibweise

$$\tau_{n,\mathfrak{n}}(\chi, \mathfrak{m}\mathfrak{w} \mid \mathfrak{a}) \quad \text{für} \quad \tau_n(\chi, \mathfrak{m}\mathfrak{w} \mid \mathfrak{a}) \quad \text{mit} \quad n \cong \tilde{\mathfrak{a}}\, \frac{\mathfrak{n}}{\mathfrak{m}}$$

geschehen. Man kann dann auch die beiden Parameter

n als Zahl $\neq 0$ aus K,
$\mathfrak{n}$ als ganzen Divisor von K

als voneinander unabhängig gegeben und den Hilfsdivisor $\mathfrak{a}$ als durch sie bestimmt ansehen. Dieser Auffassung entsprechend werde, wo es auf den Hilfsdivisor $\mathfrak{a}$ nicht ankommt, kürzer $\tau_{n,\mathfrak{n}}(\chi, \mathfrak{m}\mathfrak{w})$ für $\tau_{n,\mathfrak{n}}(\chi, \mathfrak{m}\mathfrak{w} \mid \mathfrak{a})$ geschrieben.

§ 2. Abhängigkeit von Hilfsdivisor, Reduktion des Hilfsdivisors auf 1

1. Es ist möglich, den in der allgemeinen Definition aus § 1, 1 zugrundeliegenden Hilfsdivisor $\mathfrak{a}$ in irgendeinen anderen Divisor $\mathfrak{b}$ von K überzuführen, wobei sich dann gleichzeitig die beiden Parameter $n, \mathfrak{n}$ entsprechend ändern und Werte des Charakters χ als Faktoren vortreten. Diese Umformung beruht auf zwei formalen Regeln, die das Verhalten der Gaußschen Summen bei Multiplikation von $\mathfrak{a}$ mit irgendeinem ganzen, zu $\mathfrak{m}$ primen Divisor $\mathfrak{c}$ von K bzw. bei Division von $\mathfrak{a}$ durch irgendeine Zahl $c \neq 0$ aus K betreffen. Die Kombination dieser beiden Operationen erlaubt es in der Tat, den Hilfsdivisor $\mathfrak{a}$ in irgendeinen anderen Divisor $\mathfrak{b}$ von K überzuführen; denn in der absoluten Klasse von $\mathfrak{b}\mathfrak{a}^{-1}$ gibt es ganze, zum $\mathfrak{m}$ prime Divisoren $\mathfrak{c}$ von K, und für jeden solchen hat man

$$\frac{\mathfrak{c}}{c}\mathfrak{a} = \mathfrak{b}$$

mit einer Zahl $c \neq 0$ aus K.

Hilfsdivisorregel I. *Für jeden ganzen, zu* $\mathfrak{m}$ *primen Divisor* $\mathfrak{c}$ *von* K *gilt:*

$$\tau_{n,\,\mathfrak{c}\mathfrak{n}}(\chi, \mathfrak{m}\mathfrak{w} \mid \mathfrak{c}\mathfrak{a}) = \bar{\chi}(\mathfrak{c})\, \tau_{n,\,\mathfrak{n}}(\chi, \mathfrak{m}\mathfrak{w} \mid \mathfrak{a}).$$

Dabei bedeutet $\bar{\chi} = \chi^{-1}$ den zu χ *konjugiert-komplexen* oder, was dasselbe, *reziproken Charakter.*

Beweis. Definitionsgemäß ist

$$\tau_{n,\,\mathfrak{c}\mathfrak{n}}(\chi, \mathfrak{m}\mathfrak{w} \mid \mathfrak{c}\mathfrak{a}) = \sum_{\substack{x \bmod^+ \mathfrak{m}\mathfrak{c}\mathfrak{a},\ x \equiv 0 \bmod^+ \mathfrak{c}\mathfrak{a} \\ x \cong \mathfrak{x}\mathfrak{c}\mathfrak{a},\ (\mathfrak{x}, \mathfrak{m}) = 1 \\ x \equiv 1 \bmod \mathfrak{w}}} \chi(\mathfrak{x})\, e(xn) = \bar{\chi}(\mathfrak{c}) \sum_{\substack{x \bmod^+ \mathfrak{m}\mathfrak{c}\mathfrak{a},\ x \equiv 0 \bmod^+ \mathfrak{c}\mathfrak{a} \\ x \cong \mathfrak{x}\mathfrak{c}\mathfrak{a},\ (\mathfrak{x}, \mathfrak{m}) = 1 \\ x \equiv 1 \bmod \mathfrak{w}}} \chi(\mathfrak{x}\mathfrak{c})\, e(xn).$$

Da $\mathfrak{c}$ ganz sein soll, folgt nun aus $x \equiv 0 \bmod^+ \mathfrak{c}\mathfrak{a}$ sicher $x \equiv 0 \bmod^+ \mathfrak{a}$. Und da zudem $\mathfrak{c}$ prim zu m sein soll, besteht für zwei Zahlen $x, x' \equiv 0 \bmod^+ \mathfrak{c}\mathfrak{a}$ eine Kongruenz $x' \equiv x \bmod^+ \mathfrak{m}\mathfrak{c}\mathfrak{a}$ schon dann (und wie eben auch nur dann), wenn die Kongruenz $x' \equiv x \bmod^+ \mathfrak{m}\mathfrak{a}$ besteht; denn ist $x' - x \equiv 0 \bmod^+ \mathfrak{c}\mathfrak{a}$ und $\bmod^+ \mathfrak{m}\mathfrak{a}$, so auch $\bmod^+ (\mathfrak{c}, \mathfrak{m})\,\mathfrak{a}$. Folglich kann der Faktor $\mathfrak{c}$ in der ersten Zeile der Summationsvorschrift weggelassen werden. In der zweiten Zeile darf $(\mathfrak{x}, \mathfrak{m}) = 1$ durch $(\mathfrak{x}\mathfrak{c}, \mathfrak{m}) = 1$ ersetzt werden. Dann kann aber in der Summe durchweg die Substitution $\mathfrak{x}\mathfrak{c} \to \mathfrak{x}$ gemacht werden, und diese ergibt die Definitionsformel für $\tau_{n,\,\mathfrak{n}}(\chi, \mathfrak{m}\mathfrak{w} \mid \mathfrak{a})$, wie behauptet.

Hilfsdivisorregel II. *Für jede Zahl* $c \neq 0$ *aus* K *gilt:*

$$\tau_{cn,\,\mathfrak{n}}(\chi, \mathfrak{m}\mathfrak{w} \mid c^{-1}\mathfrak{a}) = v(c)\, \tau_{n,\,\mathfrak{n}}(\chi, \mathfrak{m}\mathfrak{w} \mid \mathfrak{a}).$$

Dabei bedeutet v den durch χ eindeutig bestimmten *Vorzeichencharakter* mod $\mathfrak{w}$, vom Führer $\mathfrak{u}$, im Bereich der Zahlen $c \neq 0$ aus K, definiert durch

$$v(c) = \chi(t) \qquad \text{mit} \qquad t \equiv 1 \bmod \mathfrak{m}, \qquad t \equiv c \bmod \mathfrak{w},$$

unabhängig von der Wahl der Hilfszahl t aus K.

Beweis. Definitionsgemäß ist

$$\tau_{cn,\,\mathfrak{n}}(\chi, \mathfrak{m}\mathfrak{w} \mid c^{-1}\mathfrak{a}) = \sum_{\substack{x \bmod^+ \mathfrak{m}c^{-1}\mathfrak{a},\ x \equiv 0 \bmod^+ c^{-1}\mathfrak{a} \\ x \cong \mathfrak{x}c^{-1}\mathfrak{a},\ (\mathfrak{x}, \mathfrak{m}) = 1 \\ x \equiv 1 \bmod \mathfrak{w}}} \chi(\mathfrak{x})\, e(xcn) = \sum_{\substack{x \bmod^+ \mathfrak{m}\mathfrak{a},\ x \equiv 0 \bmod^+ \mathfrak{a} \\ x \cong \mathfrak{x}\mathfrak{a},\ (\mathfrak{x}, \mathfrak{m}) = 1 \\ x \equiv c \bmod \mathfrak{w}}} \chi(\mathfrak{x})\, e(xn),$$

letzteres auf Grund der Summationstransformation $xc \to x$. Wird nun t zu c wie angegeben und überdies ganz gewählt, so erhält man durch die Summationstransformation $x \to xt$ im Hinblick auf $tn \equiv n \bmod^+ \tilde{\mathfrak{d}}$, also $e(xtn) = e(xn)$, weiter:

$$\tau_{cn,\,\mathfrak{n}}(\chi, \mathfrak{m}\mathfrak{w} \mid c^{-1}\mathfrak{a}) = \tau_{n,\,t\mathfrak{n}}(\chi, \mathfrak{m}\mathfrak{w} \mid t\,\mathfrak{a}) = \bar{\chi}(t)\, \tau_{n,\,\mathfrak{n}}(\chi, \mathfrak{m}\mathfrak{w} \mid \mathfrak{a}),$$

letzteres nach der Hilfsdivisorregel I. Wegen $\bar{\chi}(t) = \bar{v}(t) = v(t)$ ergibt das die Behauptung.

2. Durch Kombination der beiden Hilfsdivisorenregeln erhält man:

Allgemeine Hilfsdivisorregel. *Für jeden ganzen, zu* $\mathfrak{m}$ *primen Divisor* $\mathfrak{c}$ *von* K *und jede Zahl* $c \neq 0$ *aus* K *gilt:*

$$\tau_{cn,\,\mathfrak{c}\mathfrak{n}}\left(\chi, \mathfrak{m}\mathfrak{w} \,\middle|\, \frac{\mathfrak{c}}{c}\mathfrak{a}\right) = v(c)\, \bar{\chi}(\mathfrak{c})\, \tau_{n,\,\mathfrak{n}}(\chi, \mathfrak{m}\mathfrak{w} \mid \mathfrak{a}).$$

Auf Grund dieser Regel kann, wie zu Beginn von **1** gesagt, durch geeignete Wahl von c, $\mathfrak{c}$ links jeder beliebige Divisor $\mathfrak{b}$ von K als neuer Hilfsdivisor $\frac{\mathfrak{c}}{c}\mathfrak{a} = \mathfrak{b}$ eingeführt werden; dies ist mit der Parametersubstitution $n \to cn$, $\mathfrak{n} \to \mathfrak{c}\mathfrak{n}$ verbunden, und rechts tritt das Charakterwertprodukt $v(c)\,\overline{\chi}(\mathfrak{c})$ als Faktor vor.

Es sei noch der Spezialfall $\mathfrak{b} = 1$ hervorgehoben, der im folgenden anzuwenden sein wird:

Hilfsdivisorreduktion. *Für jeden ganzen, zu* $\mathfrak{m}$ *primen Divisor* $\mathfrak{c} \sim \mathfrak{a}^{-1}$ *nebst zugehöriger Zahl* $c \cong \mathfrak{c}\mathfrak{a}$ *gilt:*

$$\tau_{n,\mathfrak{n}}(\chi, \mathfrak{m}\mathfrak{w} \mid \mathfrak{a}) = v(c)\,\chi(\mathfrak{c})\,\tau_{cn,\,\mathfrak{c}\mathfrak{n}}(\chi, \mathfrak{m}\mathfrak{w} \mid 1).$$

Dabei ist in der (mit nicht-transformierten Parametern n, $\mathfrak{n}$ geschriebenen) expliziten Darstellung

$$\tau_{n,\mathfrak{n}}(\chi, \mathfrak{m}\mathfrak{w} \mid 1) = \sum_{\substack{x \bmod \mathfrak{m},\ x \text{ ganz} \\ (x,\mathfrak{m}) = 1,\ x \equiv 1 \bmod \mathfrak{w}}} \chi(x)\, e(xn)$$

der Parameter $n \cong \tilde{1}\,\frac{\mathfrak{n}}{\mathfrak{m}}$, und die Summation ist über ein ganzzahliges, primes, für $\mathfrak{w}$ positiv normiertes Restsystem $x \bmod \mathfrak{m}$ im gewöhnlichen Sinne erstreckt. Es kommt dann nur auf den durch χ gelieferten Charakter in der Multiplikationsgruppe $\mathsf{K}^{\times}$, genauer in der Untergruppe $\mathsf{K}_{\mathfrak{m}}^{\times}$ aller zu $\mathfrak{m}$ primen Zahlen aus K an.

Man kann die Hilfsdivisorregel auch, der Auffassung aus § **1**, **3** entsprechend, als Regeln über die Art der Abhängigkeit von den beiden unabhängigen Parametern n, $\mathfrak{n}$ ansehen. Die sich daraus ergebende Reduktion der Parameter n, $\mathfrak{n}$ wird zweckmäßig erst im Anschluß an die zunächst zu gebende Reduktion des Erklärungsmoduls $\mathfrak{m}\mathfrak{w}$ behandelt, weil sie sich auf die bei dieser auftretenden Bestimmungsstücke stützt.

§ 3. Reduktion des Erklärungsmoduls auf den Führer, primitive und eigentliche Gaußsche Summen

1. Der in der allgemeinen Definition aus § **1**, **1** vorgegebene beliebige Erklärungsmodul $\mathfrak{m}\mathfrak{w}$ des Charakters χ läßt sich durch Gliederzusammenfassungen in der Gaußschen Summe auf den Führer $\mathfrak{f}\mathfrak{u}$ reduzieren. Für diese Reduktion kommt es auf den in dem Parameter $n \cong \tilde{\mathfrak{a}}\,\frac{\mathfrak{n}}{\mathfrak{m}}$ auftretenden Divisorbruch $\frac{\mathfrak{n}}{\mathfrak{m}}$ mit $\mathfrak{f} \mid \mathfrak{m}$ an.

Im folgenden sei

$$\frac{\mathfrak{n}}{\mathfrak{m}} = \frac{\mathfrak{n}_0}{\mathfrak{m}_0} \quad \text{mit } \mathfrak{f} \mid \mathfrak{m}_0, \quad \left(\mathfrak{n}_0, \frac{\mathfrak{m}_0}{\mathfrak{f}}\right) = 1$$

die bis auf den Nennerfaktor $\mathfrak{f}$ *reduzierte Darstellung* jenes Bruches. Sie ist als die niedrigste Bruchdarstellung von $\frac{\mathfrak{n}}{\mathfrak{m}}$ gekennzeichnet, für deren Nenner $\mathfrak{m}_0$ auch noch $\mathfrak{m}_0\mathfrak{w}$ ein Erklärungsmodul von χ ist; für den Zähler $\mathfrak{n}_0$ ist dabei der größte gemeinsame Teiler

$$(\mathfrak{n}_0, \mathfrak{m}_0) = (\mathfrak{n}_0, \mathfrak{f}) = \mathfrak{f}_0$$

ein gewisser Teiler von $\mathfrak{f}$. Dann und nur dann ist die bis auf $\mathfrak{f}$ reduzierte Bruchdarstellung $\frac{\mathfrak{n}_0}{\mathfrak{m}_0}$ bereits die vollständig reduzierte Bruchdarstellung von $\frac{\mathfrak{n}}{\mathfrak{m}}$, wenn der Teiler $\mathfrak{f}_0 = 1$ ist. Dieser letztere Fall, der sich als allein wesentlich erweisen wird, kann formal durch $\chi(\mathfrak{n}_0) \neq 0$ gekennzeichnet werden.

2. Eine Gaußsche Summe $\tau_{n,\mathfrak{n}}(\chi, \mathfrak{m}\mathfrak{w} \mid \mathfrak{a})$, bei der von vornherein $\frac{\mathfrak{n}}{\mathfrak{m}}$ die bis auf $\mathfrak{f}$ reduzierte Bruchdarstellung ist, bei der also $\left(\mathfrak{n}, \frac{\mathfrak{m}}{\mathfrak{f}}\right) = 1$, $\mathfrak{n}_0 = \mathfrak{n}$, $\mathfrak{m}_0 = \mathfrak{m}$ ist, heiße eine *primitive Gaußsche Summe*; es ist dann schon $(\mathfrak{n}, \mathfrak{m}) = \mathfrak{f}_0$ ein Teiler von $\mathfrak{f}$ (aber nicht notwendig umgekehrt). Die Bezeichnung „primitiv" wurde gewählt, weil in dem am Schluß von **1** hervorgehobenen, allein wesentlichen Spezialfall $\mathfrak{f}_0 = 1$, wo also $\frac{\mathfrak{n}}{\mathfrak{m}}$ von vornherein die vollständig reduzierte Bruchdarstellung ist, das Argument $xn \cong \mathfrak{x}\mathfrak{a}\cdot\tilde{\mathfrak{a}}\frac{\mathfrak{n}}{\mathfrak{m}} = \tilde{1}\frac{\mathfrak{x}\mathfrak{n}}{\mathfrak{m}}$ der in der Summe auftretenden Exponentialfunktion in geometrischer Ausdrucksweise ein volles Vertretersystem mod$^+$ $\tilde{1}$ inkongruenter „primitiver" $\mathfrak{m}$-ter Teilpunkte des Gitters der Vielfachen von $\tilde{1}$ aus K durchläuft.

Eine Gaußsche Summe $\tau_{n,\mathfrak{n}}(\chi, \mathfrak{f}\mathfrak{u} \mid \mathfrak{a})$, bei der von vornherein der Erklärungsmodul $\mathfrak{m}\mathfrak{w}$ mit dem Führer $\mathfrak{f}\mathfrak{u}$ von χ zusammenfällt, bei der also $\mathfrak{m} = \mathfrak{f}$, $\mathfrak{w} = \mathfrak{u}$ ist, heiße eine *eigentliche Gaußsche Summe*, weil bei ihr der Charakter χ in seinem vollen Argumentbereich $(\mathfrak{x}, \mathfrak{f}) = 1$ als eigentlicher Charakter erfaßt wird. In der Bezeichnung werde dann der Erklärungsmodul $\mathfrak{f}\mathfrak{u}$, als bereits durch den Charakter χ bestimmt, weggelassen, also kürzer $\tau_{n,\mathfrak{n}}(\chi \mid \mathfrak{a})$ geschrieben. Man kann dabei ferner auch die Bedingung $(\mathfrak{x}, \mathfrak{f}) = 1$ in der Summationsvorschrift weglassen, da das nur eine Auffüllung der Summe durch Nullglieder zur Folge hat. Dies wird später an einigen Stellen wesentlich sein; zunächst soll es nicht geschehen.

Eine eigentliche Gaußsche Summe ist a fortiori primitiv, da die Bedingung $(\mathfrak{n}, 1) = 1$ trivialerweise erfüllt ist, und es ist $\mathfrak{f}_0 = (\mathfrak{n}, \mathfrak{f})$.

3. Es sollen die beiden folgenden Reduktionsregeln bewiesen werden:

Reduktion I (allgemeine auf primitive Gaußsche Summen).

$$\tau_{n,\mathfrak{n}}(\chi, \mathfrak{m}\mathfrak{w} \mid \mathfrak{a}) = \frac{\Phi(\mathfrak{m})}{\Phi(\mathfrak{m}_0)}\, \tau_{n,\mathfrak{n}_0}(\chi, \mathfrak{m}_0\mathfrak{w} \mid \mathfrak{a}).$$

Reduktion II (primitive auf eigentliche Gaußsche Summen).

$$\tau_{n,\mathfrak{n}_0}(\chi, \mathfrak{m}_0\mathfrak{w} \mid \mathfrak{a}) = \mu\left(\frac{\mathfrak{m}_0}{\mathfrak{f}}\right)\chi\left(\frac{\mathfrak{m}_0}{\mathfrak{f}}\right)\tau_{n,\mathfrak{n}_0}\left(\chi, \mathfrak{f}\mathfrak{u} \,\middle|\, \frac{\mathfrak{m}_0}{\mathfrak{f}}\mathfrak{a}\right) = \mu\left(\frac{\mathfrak{m}_0}{\mathfrak{f}}\right)\chi\left(\frac{\mathfrak{m}_0}{\mathfrak{f}}\right)\tau_{n,\mathfrak{n}_0}\left(\chi \,\middle|\, \frac{\mathfrak{m}_0}{\mathfrak{f}}\mathfrak{a}\right).$$

Bei der Reduktion I tritt als Faktor einfach der Quotient der Gliederanzahlen beider Summen vor; dieser ist von Null verschieden.

Bei der Reduktion II bedeutet μ die Möbiussche Funktion in ihrer formalen Verallgemeinerung auf Divisoren von K. Der vortretende Faktor kann hier Null sein, nämlich genau dann, wenn der ganze Divisor $\frac{\mathfrak{m}_0}{\mathfrak{f}}$ entweder nicht quadratfrei oder nicht prim zu $\mathfrak{f}$ ist.

Beweis. Man kann ohne Einschränkung, zur Vereinfachung der sonst etwas komplizierter zu beschreibenden Summationsreduktionen, die in § 2, **2** gegebene Reduktion des Hilfsdivisors $\mathfrak{a}$ auf 1 als vollzogen voraussetzen. Sind nämlich die Formeln I und II für $\mathfrak{a} = 1$ bewiesen, so folgt ihre Richtigkeit für beliebiges $\mathfrak{a}$ nach jener Hilfsdivisorreduktion, wenn man bei I beachtet, daß das dortige $\mathfrak{c}$ ganz und prim zu $\mathfrak{m}$ und daher der bis auf $\mathfrak{f}$ reduzierte Nenner $\mathfrak{m}_0$ bei der mit der Reduktion verbundenen Parametersubstitution $\mathfrak{n} \to \mathfrak{c}\mathfrak{n}$ invariant ist, und bei II, daß die Reduktion von $\frac{\mathfrak{m}_0}{\mathfrak{f}}\mathfrak{a}$ auf $\frac{\mathfrak{m}_0}{\mathfrak{f}}$ rechts mit denselben $c, \mathfrak{c}$ erfolgen kann wie die Reduktion von $\mathfrak{a}$ auf 1 links.

Demgemäß werde (unter Änderung der Parameterbezeichnung) die Gaußsche Summe

$$\tau_{n,\mathfrak{n}}(\chi, \mathfrak{m}\mathfrak{w} \mid 1) = \sum_{\substack{x \bmod \mathfrak{m},\ x \text{ ganz} \\ (x,\mathfrak{m})=1,\ x\equiv 1 \bmod \mathfrak{w}}} \chi(x)\, e(xn)$$

mit

$$n \cong \tilde{1}\,\frac{\mathfrak{n}}{\mathfrak{m}} = \tilde{1}\,\frac{\mathfrak{n}_0}{\mathfrak{m}_0}, \quad \mathfrak{f} \mid \mathfrak{m}_0, \quad \left(\mathfrak{n}_0, \frac{\mathfrak{m}_0}{\mathfrak{f}}\right) = 1$$

betrachtet, in der die Summationsvorschrift vereinfacht ist.

Daß bei der Reduktion I einfach der Quotient $\frac{\Phi(\mathfrak{m})}{\Phi(\mathfrak{m}_0)}$ aus den Gliederanzahlen der Summen links und rechts als Faktor vortritt, ist ohne weiteres klar; denn wegen $\mathfrak{f} \mid \mathfrak{m}_0$ hängt $\chi(x)$ nur von der Restklasse $x \bmod \mathfrak{m}_0\mathfrak{w}$ ab, und wegen $n \equiv 0 \bmod \frac{\tilde{1}}{\mathfrak{m}_0}$ hängt $e(xn)$ nur von der Restklasse $x \bmod \mathfrak{m}_0$ ab. Entsprechend der Reduktion von $\mathfrak{m}$ auf $\mathfrak{m}_0$ wird natürlich der von $n, \mathfrak{a}, \mathfrak{m}$ abhängige Parameter $\mathfrak{n}$ auf $\mathfrak{n}_0$ reduziert.

Bei der Reduktion II ist unmittelbar klar, daß der unendliche Bestandteil $\mathfrak{w}$ ohne weitere Änderungen durch $\mathfrak{u}$ ersetzt werden darf; denn $\chi(x)$ hängt nur von der Restklasse $x \bmod \mathfrak{m}_0\mathfrak{u}$ und $e(xn)$ sogar nur von der Restklasse $x \bmod \mathfrak{m}_0$ ab. Es bleibt dann zu zeigen, *daß bei der Reduktion des Summationsbereichs von* $\mathfrak{m}_0$ *auf* $\mathfrak{f}$ *der Faktor* $\mu\left(\frac{\mathfrak{m}_0}{\mathfrak{f}}\right)\chi\left(\frac{\mathfrak{m}_0}{\mathfrak{f}}\right)$ *vortritt und der Hilfsdivisor* 1 *zu* $\frac{\mathfrak{m}_0}{\mathfrak{f}}$ *wird*, letzteres im Einklang mit der allgemeinen Beziehung zwischen $n, \mathfrak{a}, \mathfrak{m}, \mathfrak{n}$. Der Beweis hierfür kann durch schrittweises Abspalten der einzelnen Primdivisoren $\mathfrak{p}$ von $\frac{\mathfrak{m}_0}{\mathfrak{f}}$ unter jeweiliger Hilfsdivisorreduktion auf 1 geführt werden. Es genügt, einen solchen Elementarschritt durchzuführen. Unter vorübergehender Änderung der Bedeutung von $\mathfrak{f}$ läuft dies darauf hinaus, die eben ausgesprochene Behauptung unter der speziellen Voraussetzung zu beweisen, daß $\mathfrak{m}_0 = \mathfrak{p}\mathfrak{f}$ mit einem Primdivisor $\mathfrak{p}$ von K ist, wobei jetzt $\mathfrak{f}\mathfrak{u}$ nur noch einen möglichen Erklärungsmodul, nicht mehr notwendig den Führer von χ bedeutet. Man hat dann zu zeigen, *daß bei der Reduktion des Summationsbereichs von* $\mathfrak{p}\mathfrak{f}$ *auf* $\mathfrak{f}$ *der Faktor* $-\chi(\mathfrak{p})$ *vortritt und der Hilfsdivisor* 1 *zu* $\mathfrak{p}$ *wird.*

Die Durchführung dieser Elementarreduktion für die Summe

$$\tau_{n,\mathfrak{n}}(\chi, \mathfrak{p}\mathfrak{f}\cdot\mathfrak{u} \mid 1) = \sum_{\substack{x \bmod \mathfrak{p}\mathfrak{f},\ x \text{ ganz} \\ (x,\mathfrak{p}\mathfrak{f})=1,\ x\equiv 1 \bmod \mathfrak{u}}} \chi(x)\, e(xn)$$

mit

$$n \cong \tilde{1}\,\frac{\mathfrak{n}_0}{\mathfrak{p}\mathfrak{f}} \qquad (\mathfrak{n}_0, \mathfrak{p}) = 1$$

erfolgt nach dem für den Spezialfall des rationalen Zahlkörpers $\mathsf{K} = \mathsf{P}$ in [11], § 20, **1**, III (S. 426f.) dargelegten formalen Schema. Da aber hier $\mathfrak{f}$ nicht notwendig Hauptdivisor ist, muß der dortige Ansatz zur Reduktion des Summationsbereichs etwas modifiziert werden:

$$x = x' + y \quad \text{mit} \begin{Bmatrix} x' \bmod \mathfrak{f}, \quad x' \text{ ganz} \\ (x', \mathfrak{f}) = 1,\ x' \equiv 1 \bmod \mathfrak{u} \end{Bmatrix} \text{ und } \begin{Bmatrix} y \bmod^+ \mathfrak{p}\mathfrak{f}, \quad y \equiv 0 \bmod^+ \mathfrak{f} \\ y \not\equiv -x' \bmod \mathfrak{p},\ y \equiv 1 \bmod \mathfrak{u} \end{Bmatrix}.$$

Durch diesen Ansatz erhält man in der Tat gerade ein Restsystem $x \bmod \mathfrak{p}\mathfrak{f}$ mit den verlangten Eigenschaften.

Da $x \equiv x' \bmod \mathfrak{f}\mathfrak{u}$ und $\mathfrak{f}\mathfrak{u}$ ein Erklärungsmodul für χ ist, hat man dabei $\chi(x) = \chi(x')$, während $e(xn) = e(x'n)\, e(yn)$ ist. Hiernach wird zunächst

$$\tau_{n,\mathfrak{n}_0}(\chi, \mathfrak{p}\mathfrak{f}\cdot\mathfrak{u} \mid 1) = \sum_{\substack{x' \bmod \mathfrak{f},\ x' \text{ ganz} \\ (x',\mathfrak{f})\equiv 1,\ x'\equiv 1 \bmod \mathfrak{u}}} \chi(x')\, e(x'n) \sum_{\substack{y \bmod^+ \mathfrak{p}\mathfrak{f},\ y\equiv 0 \bmod^+ \mathfrak{f} \\ y \not\equiv -x' \bmod \mathfrak{p}}} e(yn),$$

wobei in der inneren Summe die Vorzeichenvorschrift $y \equiv 1 \bmod \mathfrak{u}$ weggelassen werden konnte, da $e(yn)$ nur von der Restklasse $y \bmod^+ \mathfrak{p}\mathfrak{f}$ abhängt.

Ist nun $\mathfrak{p} \mid \mathfrak{f}$, so ist die Einschränkung $y \not\equiv -x' \bmod \mathfrak{p}$ wegen $(x', \mathfrak{f}) = 1$ von selbst erfüllt. Nach den anschließend in **4** bewiesenen elementaren Exponentialformeln ist dann die über ein volles Restsystem $y \bmod^+ \mathfrak{p}\mathfrak{f}$ mit $y \equiv 0 \bmod^+ \mathfrak{f}$ erstreckte innere Summe gleich Null, weil $\mathfrak{p}$ wegen $(\mathfrak{n}_0, \mathfrak{p}) = 1$ im Nenner von $n \cong \tilde{\mathfrak{1}} \frac{\mathfrak{n}_0}{\mathfrak{p}\mathfrak{f}}$ bezüglich $\tilde{\mathfrak{1}}$ steckt. Somit gilt:

$$\tau_{n, \mathfrak{n}_0}(\chi, \mathfrak{p}\mathfrak{f} \cdot \mathfrak{u} \mid 1) = 0 \quad \text{für } \mathfrak{p} \mid \mathfrak{f},$$

wie zu zeigen war.

Ist aber $\mathfrak{p} \nmid \mathfrak{f}$, so scheidet auf Grund jener Einschränkung für jede vorkommende Restklasse $x' \bmod \mathfrak{f}$ genau eine Restklasse $y' \bmod^+ \mathfrak{p}\mathfrak{f}$ aus, nämlich die durch $y' \equiv 0 \bmod^+ \mathfrak{f}$, $y' \equiv -x' \bmod^+ \mathfrak{p}\mathfrak{f}$ gekennzeichnete, wobei noch wieder $y' \equiv 1 \bmod u$ normiert sei. Daher ist dann nach jenen Exponentialformeln die innere Summe gleich $-e(y'n)$, und es wird

$$\tau_{n, \mathfrak{n}_0}(\chi, \mathfrak{p}\mathfrak{f} \cdot \mathfrak{u} \mid 1) = - \sum_{\substack{x' \bmod \mathfrak{f},\ x' \text{ ganz} \\ (x', \mathfrak{f}) = 1,\ x' \equiv 1 \bmod \mathfrak{u}}} \chi(x')\, e((x' + y')\, n) \quad \text{für } \mathfrak{p} \nmid \mathfrak{f}.$$

Unter Beachtung der Normierung $y' \equiv 1 \bmod \mathfrak{u}$ kann hier in der Summationsvorschrift und im χ-Argument x' durch $x'' = x' + y'$ ersetzt werden. Da x'' ein ganzzahliges, primes, für $\mathfrak{u}$ positiv normiertes Restsystem $\bmod \mathfrak{f}$ mit der Eigenschaft $x'' \not\equiv 0 \bmod \mathfrak{p}$ durchläuft, ergibt sich so weiter:

$$\begin{aligned} \tau_{n, \mathfrak{n}_0}(\chi, \mathfrak{p}\mathfrak{f} \cdot \mathfrak{u} \mid 1) &= - \sum_{\substack{x'' \bmod^+ \mathfrak{f}\mathfrak{p},\ x'' \equiv 0 \bmod^+ \mathfrak{p} \\ (x'', \mathfrak{f}) = 1,\ x'' \equiv 1 \bmod \mathfrak{u}}} \chi(x'')\, e(x''n) \\ &= -\chi(\mathfrak{p}) \sum_{\substack{x'' \bmod^+ \mathfrak{f}\mathfrak{p},\ x'' \equiv 0 \bmod^+ \mathfrak{p} \\ x'' \cong \mathfrak{x}'' \mathfrak{p},\ (\mathfrak{x}'', \mathfrak{f}) = 1 \\ x'' \equiv 1 \bmod \mathfrak{u}}} \chi(\mathfrak{x}'')\, e(x''n), \end{aligned}$$

oder also

$$\tau_{n, \mathfrak{n}_0}(\chi, \mathfrak{p}\mathfrak{f} \cdot \mathfrak{u} \mid 1) = -\chi(\mathfrak{p})\, \tau_{n, \mathfrak{n}_0}(\chi, \mathfrak{f} \mid \mathfrak{p}) \quad \text{für } \mathfrak{p} \nmid \mathfrak{f},$$

wie zu zeigen war.

4. Die im vorstehenden Beweis benutzten elementaren Exponentialformeln lauten allgemein folgendermaßen:

Exponentialformeln. *Bei ganzem Divisor* $\mathfrak{m}$, *beliebigem Divisor* $\mathfrak{a}$ *und Zahl* $n \equiv 0 \bmod \frac{\tilde{\mathfrak{a}}}{\mathfrak{m}}$ $\left(\textit{oder also } n \cong \tilde{\mathfrak{a}} \frac{\mathfrak{n}}{\mathfrak{m}} \textit{ mit ganzem Divisor } \mathfrak{n}\right)$ *von* K *gilt:*

$$\frac{1}{\mathfrak{N}(\mathfrak{m})} \sum_{\substack{x \bmod^+ \mathfrak{m}\mathfrak{a} \\ x \equiv 0 \bmod^+ \mathfrak{a}}} e(xn) = \begin{Bmatrix} 1 \textit{ für } n \equiv 0 \bmod^+ \tilde{\mathfrak{a}} \ (\textit{oder also } \mathfrak{m} \mid \mathfrak{n}) \\ 0 \textit{ für } n \not\equiv 0 \bmod^+ \tilde{\mathfrak{a}} \ (\textit{oder also } \mathfrak{m} \nmid \mathfrak{n}) \end{Bmatrix}.$$

Beweis: Im Falle $\mathfrak{m} \mid \mathfrak{n}$ ist die Behauptung klar, da dann für jedes der $\mathfrak{N}(\mathfrak{m})$ Glieder gilt $xn \equiv 0 \bmod^+ \tilde{\mathfrak{1}}$, also $e(xn) = 1$.

Im Falle $\mathfrak{m} \nmid \mathfrak{n}$, auf den es in obigem Beweis ankommt, hat der Divisor $\mathfrak{a}n = \tilde{\mathfrak{1}} \frac{\mathfrak{n}}{\mathfrak{m}}$ eine gebrochene Spur[1]). Daher gibt es in K eine Zahl $m \equiv 0 \bmod^+ \mathfrak{a}$ mit $S(mn) \not\equiv 0 \bmod^+ 1$, also $e(mn) \neq 1$. Die zu betrachtende Summe bleibt dann bei der Summationstransformation $x \to x + m$ einerseits ungeändert, weil der Summationsbereich in sich übergeht, während sie andrerseits bei gliedweiser Ausführung den Faktor $e(mn) \neq 1$ bekommt. Das ist nur möglich, wenn sie gleich Null ist.

---

[1] Zum Spurbegriff für Divisoren von K und zu der anschließend benutzten Tatsache siehe etwa *H. Hasse*, Zahlentheorie, Berlin 1949, § 25, a), b) (S. 312ff.).

Die Exponentialformeln finden sich schon bei *Rademacher* [8], Teil III, 2. 2 und 2. 3; sie dienen dort zur Herleitung eines Spezialfalles der obigen Reduktion II.

5. Im Anschluß an die allgemeine Hilfsdivisorregel aus § 2, 2 sei hier noch folgendes bemerkt. In obiger Reduktionsformel I ist eine Substitution

$$\mathfrak{a} \to \frac{c}{\mathfrak{c}}\mathfrak{a}, \quad n \to cn, \quad \mathfrak{n} \to \mathfrak{c}\mathfrak{n}, \quad \mathfrak{n}_0 \to \mathfrak{c}\mathfrak{n}_0$$

zulässig, wenn neben $c \neq 0$ der ganze Divisor $\mathfrak{c}$ nur prim zu $\frac{\mathfrak{m}_0}{\mathfrak{f}}$ ist; denn dann hat auch der Bruch $\frac{\mathfrak{c}\mathfrak{n}}{\mathfrak{m}} = \frac{\mathfrak{c}\mathfrak{n}_0}{\mathfrak{m}_0}$ den bis auf $\mathfrak{f}$ reduzierten Nenner $\mathfrak{m}_0$. Macht man in I eine solche Substitution, so ist auf die rechts entstehende primitive Gaußsche Summe die allgemeine Hilfsdivisorregel aus § 2, 2 anwendbar, wenn nur $\mathfrak{c}$ sogar prim zu $\mathfrak{m}_0$ ist. Unter dieser Voraussetzung überträgt sich dann die allgemeine Hilfsdivisorregel auf die rechts stehende allgemeine Gaußsche Summe. Damit ist gezeigt:

Zusatz zur allgemeinen Hilfsdivisorregel. *Die Voraussetzung* $(\mathfrak{c}, \mathfrak{m}) = 1$ *kann zu* $(\mathfrak{c}, \mathfrak{m}_0) = 1$ *abgeschwächt werden.*

Die Anwendung der analogen Schlußweise mit der obigen Reduktionsformel II liefert aber nicht etwa eine weitere Abschwächung der Voraussetzung auf nur $(\mathfrak{c}, \mathfrak{f}) = 1$, weil für die Invarianz von $\mathfrak{m}_0$ nach wie vor $\left(\mathfrak{c}, \frac{\mathfrak{m}_0}{\mathfrak{f}}\right) = 1$ benötigt wird.

§ 4. Parameterreduktion, normierte Gaußsche Summe; Nullregel, echte Gaußsche Summen.

1. Die bereits am Schluß von § 2, 2 angekündigte Reduktion der Parameter n, $\mathfrak{n}$ für allgemeine Gaußsche Summen stützt sich, ebenso wie die in § 3, 3 durchgeführte Reduktion des Erklärungsmoduls $\mathfrak{m}\mathfrak{w}$, auf die bis auf den Nennerfaktor $\mathfrak{f}$ reduzierte Bruchdarstellung

$$\frac{\mathfrak{n}}{\mathfrak{m}} = \frac{\mathfrak{n}_0}{\mathfrak{m}_0} \quad \text{mit} \quad \mathfrak{f} \mid \mathfrak{m}_0, \quad \left(\mathfrak{n}_0, \frac{\mathfrak{m}_0}{\mathfrak{f}}\right) = 1,$$

bei der $(\mathfrak{n}_0, \mathfrak{m}_0) = (\mathfrak{n}_0, \mathfrak{f}) = \mathfrak{f}_0$ ein gewisser Teiler von $\mathfrak{f}$ ist.

Parameterreduktion.

$$\tau_{n,\mathfrak{n}}(\chi, \mathfrak{m}\mathfrak{w} \mid \mathfrak{a}) = v(n)\,\bar{\chi}(\mathfrak{n}_0)\,\tau_{1, \frac{\mathfrak{m}}{\mathfrak{m}_0}}(\chi, \mathfrak{m}\mathfrak{w} \mid \tilde{\mathfrak{m}}_0).$$

Beweis: Ist $\mathfrak{f}_0 = 1$, oder also $\chi(\mathfrak{n}_0) \neq 0$, so ergibt sich die Behauptung einfach nach der allgemeinen Hilfsdivisorregel aus § 2, 2 mit den dortigen $n = 1$, $\mathfrak{n} = 1$ und mit der im vorliegenden Falle nach dem Zusatz in § 3, 5 zulässigen Transformatoren $c = n$, $\mathfrak{c} = \mathfrak{n}_0$. Hinsichtlich der Hilfsdivisoren ist zu beachten, daß aus der Voraussetzung $n \cong \tilde{\mathfrak{a}}\frac{\mathfrak{n}}{\mathfrak{m}} = \tilde{\mathfrak{a}}\frac{\mathfrak{n}_0}{\mathfrak{m}_0}$ folgt $\frac{n}{\mathfrak{n}_0}\mathfrak{a} = \frac{\tilde{1}}{\mathfrak{m}_0} = \tilde{\mathfrak{m}}_0$.

Ist $\mathfrak{f}_0 \neq 1$, oder also $\chi(\mathfrak{n}_0) = 0$, so hat der Bruch $\frac{\mathfrak{n}}{\mathfrak{m}} = \frac{\mathfrak{n}_0}{\mathfrak{m}_0}$ als vollständig reduzierten Nenner den echten Teiler $\mathfrak{f}'$ von $\mathfrak{f} = \mathfrak{f}_0\mathfrak{f}'$. Es ist zu zeigen, daß in diesem Falle $\tau_{n,\mathfrak{n}}(\chi, \mathfrak{m}\mathfrak{w} \mid \mathfrak{a}) = 0$ ist. Das kann auf folgende zwei Weisen geschehen.

A. Nimmt man in der allgemeinen Hilfsdivisorregel aus § 2, 2 speziell $\mathfrak{c} \cong c$, so ergibt sich, daß für jede ganze, zu $\mathfrak{m}$ prime Zahl $c \equiv 1 \bmod \mathfrak{u}$ aus K gilt:

$$\text{(a)} \qquad \tau_{cn, c\mathfrak{n}}(\chi, \mathfrak{m}\mathfrak{w} \mid \mathfrak{a}) = \bar{\chi}(c)\,\tau_{n,\mathfrak{n}}(\chi, \mathfrak{m}\mathfrak{w} \mid \mathfrak{a}).$$

Wählt man überdies $c \equiv 1 \bmod \mathfrak{f}'$, so daß also $cn \equiv n \bmod^+ \tilde{\mathfrak{a}}$ ist, und beachtet, daß es für die Gaußsche Summe links nur auf die Restklasse von $cn \bmod^+ \tilde{\mathfrak{a}}$ ankommt, so hat man trivialerweise auch

(b) $$\tau_{cn,\, c\mathfrak{n}}(\chi, \mathfrak{m}\mathfrak{w} \mid \mathfrak{a}) = \tau_{n,\, \mathfrak{n}}(\chi, \mathfrak{m}\mathfrak{w} \mid \mathfrak{a}).$$

Da $\mathfrak{f}'$ echter Teiler von $\mathfrak{f}$ ist, gibt es aber in K eine ganze, zu $\mathfrak{m}$ prime Zahl $c \equiv 1 \bmod \mathfrak{f}'\mathfrak{u}$ mit $\chi(c) \neq 1$. Für eine solche ergibt der Vergleich von (a) und (b), daß notwendig $\tau_{n,\, \mathfrak{n}}(\chi, \mathfrak{m}\mathfrak{w} \mid \mathfrak{a}) = 0$ ist.

B. Wie beim Beweis der Reduktionen aus § 3, **3** kann man ohne Einschränkung die Reduktion des Hilfsdivisors $\mathfrak{a}$ auf 1 (nebst der entsprechenden Parametertransformation) als vollzogen voraussetzen. In der Summe

$$\tau_{n,\, \mathfrak{n}}(\chi, \mathfrak{m}\mathfrak{w} \mid 1) = \sum_{\substack{x \bmod \mathfrak{m},\ x \text{ ganz} \\ (x, \mathfrak{m}) = 1,\ x \equiv 1 \bmod \mathfrak{w}}} \chi(x)\, e(xn)$$

hängt dann $e(xn)$ wegen $n \equiv 0 \bmod^+ \frac{\tilde{1}}{\mathfrak{f}'}$ nur von der Restklasse $x \bmod \mathfrak{f}'$ ab. Dementsprechend hat man

$$\tau_{n,\, \mathfrak{n}}(\chi, \mathfrak{m}\mathfrak{w} \mid 1) = \sum_{\substack{x' \bmod \mathfrak{f}',\ x' \text{ ganz} \\ (x', \mathfrak{f}') = 1,\ x' \equiv 1 \bmod \mathfrak{w}}} \left[\sum_{\substack{x \bmod \mathfrak{m},\ x \equiv x' \bmod \mathfrak{f}' \\ (x, \mathfrak{m}) = 1,\ x \equiv 1 \bmod \mathfrak{w}}} \chi(x) \right] e(x'n).$$

Hierin ist die innere Summe jeweils über eine volle Nebengruppe der Gruppe aller primen Restklassen $\bmod\, \mathfrak{m}\mathfrak{w}$ nach der Untergruppe der Restklassen $\equiv 1 \bmod \mathfrak{f}'\mathfrak{w}$ erstreckt. Da $\mathfrak{f}'$ echter Teiler von $\mathfrak{f}$ ist, ist χ in dieser Untergruppe nicht der Hauptcharakter. Nach den bekannten allgemeinen Charakterrelationen ist daher die innere Summe gleich Null, was wieder die Behauptung $\tau_{n,\, \mathfrak{n}}(\chi, \mathfrak{m}\mathfrak{w} \mid 1) = 0$ ergibt.

Dieser zweite, nochmals auf die Definitionsformel zurückgehende Beweis wurde dem ersten, formal aus der Hilfsdivisorregel gefolgerten deshalb zur Seite gestellt, weil er besser die Analogie zu der entsprechenden Schlußweise im Beweis der Reduktion II aus § 3, **3** hervortreten läßt. Er läßt erkennen, daß das Verschwinden der Gaußschen Summen im Falle, daß $\mathfrak{n}_0$ nicht prim zu $\mathfrak{f}$ ist, eine formale Folge aus den allgemeinen Charakterrelationen ist, ebenso wie das Verschwinden der Gaußschen Summen im Falle, daß $\frac{\mathfrak{m}_0}{\mathfrak{f}}$ nicht quadratfrei oder nicht prim zu $\mathfrak{f}$ ist, eine formale Folge aus den allgemeinen Exponentialformeln ist.

2. Im Spezialfall der eigentlichen Gaußschen Summen $\tau_{n,\, \mathfrak{n}}(\chi \mid \mathfrak{a})$, wo also der Erklärungsmodul gleich $\mathfrak{f}\mathfrak{u}$ und demgemäß der Parameter $n \cong \tilde{\mathfrak{a}} \frac{\mathfrak{n}}{\mathfrak{f}}$ ist, kommt man durch die Parameterreduktion auf die nur noch vom Charakter χ abhängige *normierte Gaußsche Summe*

$$\tau(\chi) = \tau_{1,\, 1}(\chi \mid \tilde{\mathfrak{f}}) = \sum_{\substack{x \bmod^+ \mathfrak{f}\tilde{\mathfrak{f}},\ x \equiv 0 \bmod^+ \tilde{\mathfrak{f}} \\ x \cong \mathfrak{x}\tilde{\mathfrak{f}},\ x \equiv 1 \bmod \mathfrak{u}}} \chi(\mathfrak{x})\, e(x)$$

mit dem Hilfsdivisor $\mathfrak{a} = \tilde{\mathfrak{f}} = \mathfrak{d}^{-1}\mathfrak{f}^{-1}$, also $\tilde{\mathfrak{a}} = \mathfrak{f}$, und den Parametern $n = 1$, $\mathfrak{n} = 1$.

Die Reduktionsformel lautet in diesem Falle:

Parameterreduktion für eigentliche Gaußsche Summen.

$$\tau_{n,\, \mathfrak{n}}(\chi \mid \mathfrak{a}) = v(n)\, \overline{\chi}(\mathfrak{n})\, \tau(\chi).$$

In Verbindung mit den Reduktionen I, II aus § 3, **3** ergibt sich daraus:

Reduktion der allgemeinen Gaußschen Summen auf die normierte Gaußsche Summe. *Es ist*

$$\tau_{n,\mathfrak{n}}(\chi, \mathfrak{m}\mathfrak{w} \mid \mathfrak{a}) = \frac{\Phi(\mathfrak{m})}{\Phi(\mathfrak{m}_0)} \mu\left(\frac{\mathfrak{m}_0}{\mathfrak{f}}\right) \chi\left(\frac{\mathfrak{m}_0}{\mathfrak{f}}\right) v(n) \overline{\chi}(\mathfrak{n}_0) \tau(\chi),$$

wo $\frac{\mathfrak{n}_0}{\mathfrak{m}_0}$ *mit* $\mathfrak{f} \mid \mathfrak{m}_0$, $\left(\mathfrak{n}_0, \frac{\mathfrak{m}_0}{\mathfrak{f}}\right) = 1$ *die bis auf den Nennerfaktor* $\mathfrak{f}$ *reduzierte Bruchdarstellung des Divisorbruchs* $\frac{\mathfrak{n}}{\mathfrak{m}}$ *aus* $n \cong \tilde{\mathfrak{a}} \frac{\mathfrak{n}}{\mathfrak{m}}$ *ist.*

3. Unter Vorwegnahme der in § 6 zu beweisenden Tatsache, daß die normierte Gaußsche Summe $\tau(\chi) \neq 0$ ist, gilt hiernach insbesondere:

Nullregel. *Dann und nur dann ist eine allgemeine Gaußsche Summe* $\tau_{n,\mathfrak{n}}(\chi, \mathfrak{m}\mathfrak{w} \mid \mathfrak{a}) \neq 0$, *wenn die drei Bedingungen*

$$\mathfrak{n}_0 \text{ prim zu } \mathfrak{f}, \quad \frac{\mathfrak{m}_0}{\mathfrak{f}} \text{ quadratfrei}, \quad \frac{\mathfrak{m}_0}{\mathfrak{f}} \text{ prim zu } \mathfrak{f}$$

erfüllt sind.

Gaußsche Summen, für die diese drei Bedingungen erfüllt sind, seien *echte Gaußsche Summen* genannt, weil nach der Nullregel nur solche von echtem Interesse sind[1].

4. Durch die Reduktion aus **2** wird für die allgemeinen Gaußschen Summen $\tau_{n,\mathfrak{n}}(\chi, \mathfrak{m}\mathfrak{w} \mid \mathfrak{a})$ die Abhängigkeit vom Parameter n und Hilfsdivisor $\mathfrak{a}$, oder auch von den beiden unabhängigen Parametern $n, \mathfrak{n}$, sowie vom Erklärungsmodul $\mathfrak{m}\mathfrak{w}$ explizit beschrieben. Sie kommt in den fünf vortretenden Faktoren zum Ausdruck, während die verbleibende normierte Gaußsche Summe $\tau(\chi)$ nur noch vom Charakter χ abhängt.

Im Spezialfall der eigentlichen Gaußschen Summen $\tau_{n,\mathfrak{n}}(\chi \mid \mathfrak{a})$ kommt es, wenn nur die echten, also die mit $(\mathfrak{n}, \mathfrak{f}) = 1$, betrachtet werden, nur auf die Strahlklasse $\mathfrak{n}$ mod $\mathfrak{f}\mathfrak{u}$ und die Vorzeichenklasse n mod $\mathfrak{u}$ an. Nach dem Vorbild aus der Komplexen Multiplikation (K imaginär-quadratisch) kann man die in der Definition gemäß § 1, 1 zugrundeliegende Beziehung $n \cong \tilde{\mathfrak{a}} \frac{\mathfrak{n}}{\mathfrak{f}}$ auch folgendermaßen deuten. Einer gegebenen Strahlklasse $\mathfrak{k}$ mod $\mathfrak{f}\mathfrak{u}$ werde diejenige Strahlklasse $\mathfrak{K}$ mod $\mathfrak{u}$ (also absolute Divisorenklasse mit Vorzeichenbedingung) zugeordnet, für deren komplementäre Klasse $\tilde{\mathfrak{K}}$ die Beziehung $\tilde{\mathfrak{K}} \frac{\mathfrak{k}}{\mathfrak{f}} = 1$ (Hauptklasse mod $\mathfrak{u}$) besteht. Jedem ganzen Vertreter $\mathfrak{n}$ aus $\mathfrak{k}$ läßt sich dann vermöge eines festen Hilfsvertreters $\mathfrak{a}$ aus $\mathfrak{K}$ ein Zahlvertreter $n \cong \tilde{\mathfrak{a}} \frac{\mathfrak{n}}{\mathfrak{f}}$ mit $n \equiv 1$ mod $\mathfrak{u}$ aus K zuordnen, der nur bis auf die willkürliche Auswahl unter für $\mathfrak{u}$ positiv normierten Assoziierten festliegt. Dabei ist dann die echte eigentliche Gaußsche Summe $\tau_{n,\mathfrak{n}}(\chi, \mathfrak{a}) = \overline{\chi}(\mathfrak{n})\, \tau(\chi)$ von der Auswahl der Vertreter $\mathfrak{a}, \mathfrak{n}, n$ unabhängig, also formal eine Invariante der Strahlklasse $\mathfrak{k}$, die allerdings ihrem Werte nach trivial ist. Es ist hiernach verständlich, daß die echten eigentlichen Gaußschen Summen bei der Behandlung nicht-trivialer Strahlklasseninvarianten von K eine Rolle spielen, und so ist ja auch *Hecke* [1, 4] bei der Untersuchung der den Strahlklassen $\mathfrak{k}$ von K zugeordneten Zetafunktionen $\zeta(s \mid \mathfrak{k}) = \sum\limits_{\substack{\mathfrak{n}\ \text{ganz} \\ \mathfrak{n}\ \text{in}\ \mathfrak{k}}} \frac{1}{\mathfrak{N}(\mathfrak{n})^s}$, aus denen sich die dem Charakter χ zugeordnete L-Funktion $L(s \mid \chi) = \sum\limits_{\mathfrak{n}\ \text{ganz}} \frac{\chi(\mathfrak{n})}{\mathfrak{N}(\mathfrak{n})^s}$ in der Form $L(s \mid \chi) = \sum\limits_{\mathfrak{k}} \chi(\mathfrak{k})\, \zeta(s \mid \mathfrak{k})$ zu-

---

[1] Diese Definition der Echtheit erscheint vernünftiger als die in [11], § 20, 1 (S. 424) gegebene, wo nur die erste Bedingung aus der Nullregel gefordert wurde, die anders gewendet besagt, daß der vollständig reduzierte Nenner von $\frac{\mathfrak{n}}{\mathfrak{m}}$ noch ein Vielfaches von $\mathfrak{f}$ sein soll.

sammensetzt, sowie bei der Verallgemeinerung auf Strahlklassencharaktere mit Größenfaktoren, erstmalig auf sie geführt worden.

5. Die in § **1, 2** angeführte Schreibweise lautet für die eigentlichen Gaußschen Summen nach Reduktion auf den Parameter $n = 1$ und Elimination des Hilfsdivisors $\mathfrak{a}$ gemäß $n\mathfrak{a} = \tilde{\mathfrak{l}}\frac{\mathfrak{n}}{\mathfrak{f}}$ folgendermaßen:

$$\tau_{n,\mathfrak{n}}(\chi \mid \mathfrak{a}) = v(n)\,\tau_{1,\mathfrak{n}}\left(\chi \mid \tilde{\mathfrak{l}}\frac{\mathfrak{f}}{\mathfrak{n}}\right) = v(n) \sum_{\substack{\mathfrak{x} \bmod \mathfrak{f}\mathfrak{u} \\ \tilde{\mathfrak{l}}\frac{\mathfrak{x}\mathfrak{n}}{\mathfrak{f}} \sim 1 \\ \mathfrak{x}\ \text{ganz}}} \chi(\mathfrak{x}) \sum_{\substack{x \bmod^+ \tilde{\mathfrak{l}}\mathfrak{n} \\ x \simeq \tilde{\mathfrak{l}}\frac{\mathfrak{x}\mathfrak{n}}{\mathfrak{f}},\ x \equiv 1 \bmod \mathfrak{u}}} e(x).$$

Im echten Falle $(\mathfrak{n}, \mathfrak{f}) = 1$ darf hier, wie in § **2, 1** beim Beweis der Hilfsdivisorregel I gezeigt, die erste Summationsvorschrift in der inneren Summe durch $x \bmod^+ \tilde{\mathfrak{l}}$ ersetzt werden. Unterdrückt man den rechts eliminierten Hilfsdivisor $\mathfrak{a}$ auch in der Bezeichnung links, wie es der Auffassung von $n, \mathfrak{n}$ als unabhängige Parameter gemäß § **1, 3** entspricht, so hat man demnach für die echten eigentlichen Gaußschen Summen die Schreibweise

$$\tau_{n,\mathfrak{n}}(\chi) = v(n)\,\tau_{1,\mathfrak{n}}(\chi) = v(n) \sum_{\substack{\mathfrak{x} \bmod \mathfrak{f}\mathfrak{u} \\ \tilde{\mathfrak{l}}\frac{\mathfrak{x}\mathfrak{n}}{\mathfrak{f}} \sim 1 \\ \mathfrak{x}\ \text{ganz}}} \chi(\mathfrak{x})\, E_{\mathfrak{f}\mathfrak{u}}(\mathfrak{x}\mathfrak{n}),$$

wo

$$E_{\mathfrak{f}\mathfrak{u}}(\mathfrak{x}) = \sum_{\substack{x \bmod^+ \tilde{\mathfrak{l}} \\ x \simeq \tilde{\mathfrak{l}}\frac{\mathfrak{x}\mathfrak{n}}{\mathfrak{f}},\ x \equiv 1 \bmod \mathfrak{u}}} e(x)$$

eine mittels der e-Funktion in K gebildete Invariante der Strahlklasse $\mathfrak{x} \bmod \mathfrak{f}\mathfrak{u}$ ist. Bei dieser Schreibweise ist die Abhängigkeit von den beiden Parametern $n, \mathfrak{n}$ getrennt. Die Abhängigkeit von der Vorzeichenklasse $n \bmod \mathfrak{u}$ kommt in dem voranstehenden Vorzeichenfaktor $v(n)$ zum Ausdruck und die Abhängigkeit von der Strahlklasse $\mathfrak{n} \bmod \mathfrak{f}\mathfrak{u}$ in den Bildungen $E_{\mathfrak{f}\mathfrak{u}}(\mathfrak{x}\mathfrak{n})$.

§ 5. Komponentenzerlegung

1. Nachdem durch die bisherigen Ergebnisse die Abhängigkeit der Gaußschen Summen von Hilfsdivisor $\mathfrak{a}$, Parameter n und Erklärungsmodul $\mathfrak{m}\mathfrak{w}$ geklärt ist, soll jetzt die Abhängigkeit von dem hauptsächlichen Bestimmungsstück, dem Charakter χ behandelt werden. Dabei werde χ als Element der Gruppe $\mathsf{X}_{\mathfrak{m}\mathfrak{w}}$ aller nach einem festen Modul $\mathfrak{m}\mathfrak{w}$ erklärbaren Charaktere in der Divisorengruppe D von K betrachtet. Genauer gesagt ist $\mathsf{X}_{\mathfrak{m}\mathfrak{w}}$ die Gruppe aller mod $\mathfrak{m}\mathfrak{w}$ erklärbaren Charaktere χ der Untergruppe $D_{\mathfrak{m}}$ der zu $\mathfrak{m}$ primen Divisoren von K.

Jeder Charakter χ aus $\mathsf{X}_{\mathfrak{m}\mathfrak{w}}$ liefert durch seine Werte für (als Hauptdivisoren aufzufassende) Zahlen eindeutig einen Charakter in der Multiplikationsgruppe $\mathsf{K}^{\times}$, genauer einen mod $\mathfrak{m}\mathfrak{w}$ erklärbaren Charakter der Untergruppe $\mathsf{K}^{\times}_{\mathfrak{m}}$ der zu $\mathfrak{m}$ primen Zahlen aus K, dem die Eigenschaft

(E) $\chi(\varepsilon) = 1$ für alle Einheiten ε von K

zukommt. Dieser sei kurz der durch den *Divisorcharakter* χ gelieferte *Zahlcharakter* χ genannt. Umgekehrt läßt sich jeder mod $\mathfrak{m}\mathfrak{w}$ erklärbare Charakter χ von $\mathsf{K}^{\times}_{\mathfrak{m}}$ mit der Eigenschaft (E) als Charakter der Untergruppe $H_{\mathfrak{m}}$ der zu $\mathfrak{m}$ primen Hauptdivisoren von K auffassen und demgemäß auf endlich viele Weisen zu mod $\mathfrak{m}\mathfrak{w}$ erklärbaren Charakteren χ der vollen Divisorengruppe $D_{\mathfrak{m}}$ fortsetzen. Diese Fortsetzungen unterscheiden sich um die Charaktere aus der Untergruppe X der bereits mod 1 erklärbaren Charaktere aus $\mathsf{X}_{\mathfrak{m}\mathfrak{w}}$.

Demnach entsprechen die mod $\mathfrak{m}\mathfrak{w}$ erklärbaren Zahlcharaktere χ eindeutig den Klassen nach X der mod $\mathfrak{m}\mathfrak{w}$ erklärbaren Divisorcharaktere χ.

Auf Grund der in § 2, 2 gegebenen Hilfsdivisorreduktion

$$\tau_{n,\mathfrak{n}}(\chi, \mathfrak{m}\mathfrak{w} \mid \mathfrak{a}) = v(c)\, \chi(\mathfrak{c})\, \tau_{cn,\mathfrak{c}\mathfrak{n}}(\chi, \mathfrak{m}\mathfrak{w} \mid 1) \quad \text{mit} \quad \begin{cases} c \cong \mathfrak{c}\mathfrak{a} \\ \mathfrak{c} \text{ ganz, prim zu } \mathfrak{m} \end{cases}$$

hängt nun die allgemeine Gaußsche Summe $\tau_{n,\mathfrak{n}}(\chi, \mathfrak{m}\mathfrak{w} \mid \mathfrak{a})$ von der Auswahl des Divisorcharakters χ aus seiner Klasse nach X allein durch die beiden Faktoren $v(c)$, $\chi(\mathfrak{c})$ ab, während die auf den Hilfsdivisor 1 reduzierte Gaußsche Summe $\tau_{cn,\mathfrak{c}\mathfrak{n}}(\chi, \mathfrak{m}\mathfrak{w} \mid 1)$ nur von χ als Zahlcharakter abhängt, also eine Invariante der Klasse von χ nach X ist. Daher ist es keine wesentliche Einschränkung, wenn man für die weitere Untersuchung die bereits auf den Hilfsdivisor 1 reduzierten Gaußschen Summen $\tau_{n,\mathfrak{n}}(\chi, \mathfrak{m}\mathfrak{w} \mid 1)$ zugrundelegt und diese dann auch gleich für alle mod $\mathfrak{m}\mathfrak{w}$ erklärbaren Zahlcharaktere χ, nicht nur solche, die aus Divisorcharakteren entspringen, behandelt. Anders als bei der Reduktion des Erklärungsmoduls in § 3, 3, wo das lediglich zur formalen Vereinfachung des Summationsbereichs geschah und bei Inkaufnahme etwas komplizierterer Summationsvorschriften auch hätte unterbleiben können, ist das hier aus sachlichen Gründen geboten. Erst dadurch wird nämlich die vom Spezialfall des rationalen Zahlkörpers K = P her geläufige Zerlegung von χ in Komponenten nach den $\mathfrak{m}$ zusammensetzenden Primdivisorpotenzen und nach $\mathfrak{w}$ möglich. die sich im allgemeinen nur für Zahlcharaktere durchführen läßt.

2. Ein erster, trivialer Teil dieser Komponentenzerlegung betrifft die Aufspaltung des Erklärungsmoduls $\mathfrak{m}\mathfrak{w}$ in den endlichen Bestandteil $\mathfrak{m}$ und den unendlichen Bestandteil $\mathfrak{w}$. Ihr entsprechend besitzt jeder mod $\mathfrak{m}\mathfrak{w}$ erklärbare Zahlcharakter χ eine eindeutige Komponentenzerlegung

$$\chi = \chi_0 v$$

in einen mod $\mathfrak{m}$ erklärbaren Zahlcharakter χ_0 und einen mod $\mathfrak{w}$ erklärbaren Zahlcharakter v (welch letzterer der bereits in § 2, 1 bei der Hilfsdivisorregel II eingeführte Vorzeichencharakter zu χ ist), definiert durch

$$\begin{aligned} \chi_0(x) &= \chi(x_0) \quad \text{mit} \quad x_0 \equiv x \bmod \mathfrak{m}, \quad x_0 \equiv 1 \bmod \mathfrak{w}, \\ v(x) &= \chi(t) \quad \text{mit} \quad t \equiv 1 \bmod \mathfrak{m}, \quad t \equiv x \bmod \mathfrak{w}, \end{aligned}$$

unabhängig von der Wahl der Hilfszahlen x_0, t aus K. In der Summe

$$\tau_{n,\mathfrak{n}}(\chi, \mathfrak{m}\mathfrak{w} \mid 1) = \sum_{\substack{x \bmod \mathfrak{m},\ x \text{ ganz} \\ (x, \mathfrak{m}) = 1,\ x \equiv 1 \bmod \mathfrak{w}}} \chi(x)\, e(xn) \qquad \left(\text{mit } n \cong \tilde{1}\,\frac{\mathfrak{n}}{\mathfrak{m}}\right)$$

ist wegen der Vorzeichenvorschrift $x \equiv 1 \bmod \mathfrak{w}$ durchweg $v(x) = 1$, also $\chi(x) = \chi_0(x)$. Daher gilt:

Reduktion auf den endlichen Bestandteil des Erklärungsmoduls. *Für jeden* mod $\mathfrak{m}\mathfrak{w}$ *erklärbaren Zahlcharakter* $\chi = \chi_0 v$ *ist*

$$\tau_{n,\mathfrak{n}}(\chi, \mathfrak{m}\mathfrak{w} \mid 1) = \tau_{n,\mathfrak{n}}(\chi_0, \mathfrak{m} \mid 1)$$

nur von dem endlichen Bestandteil $\mathfrak{m}$ *des Erklärungsmoduls und der ihm entsprechenden Komponente* χ_0 *des Charakters abhängig.*

Demgemäß sei weiterhin $\chi = \chi_0$ als Zahlcharakter mit endlichem Erklärungsmodul $\mathfrak{m}$ vorausgesetzt, so daß dann also

$$\tau_{n,\mathfrak{n}}(\chi, \mathfrak{m} \mid 1) = \sum_{\substack{x \bmod \mathfrak{m},\ x \text{ ganz} \\ (x, \mathfrak{m}) = 1}} \chi(x)\, e(xn) \qquad \left(\text{mit } n \cong \tilde{1}\,\frac{\mathfrak{n}}{\mathfrak{m}}\right)$$

ist.

3. Für den zweiten, nicht-trivialen Teil der Komponentenzerlegung sei

$$\mathfrak{m} = \prod_i \mathfrak{m}_i$$

eine Zerlegung von $\mathfrak{m}$ in ganze, paarweise teilerfremde Divisoren $\mathfrak{m}_i$ von K. Ihr entsprechend besitzt jeder mod $\mathfrak{m}$ erklärbare Zahlcharakter χ eine eindeutige Komponentenzerlegung

$$\chi = \prod_i \chi_i$$

in mod $\mathfrak{m}_i$ erklärbare Zahlcharaktere χ_i, definiert durch

$$\chi_i(x) = \chi(x_i) \quad \text{mit} \quad x_i \equiv x \bmod \mathfrak{m}_i, \quad x_i \equiv 1 \bmod \frac{\mathfrak{m}}{\mathfrak{m}_i},$$

unabhängig von der Wahl der Hilfszahlen x_i aus K.

Ist speziell χ sogar Divisorcharakter, so sind die Komponenten χ_i nicht notwendig ebenfalls Divisorcharaktere, da sich die Eigenschaft (E) im allgemeinen nicht von χ auf die χ_i überträgt. Entsprechendes gilt auch schon für die zuvor behandelte Zerlegung eines Charakters χ mod $\mathfrak{m}\mathfrak{w}$ in die Komponenten χ_0 mod $\mathfrak{m}$ und v mod $\mathfrak{w}$. Aus diesem Grunde ist der Bereich der mod $\mathfrak{m}\mathfrak{w}$ erklärbaren Divisorcharaktere, wie oben schon gesagt, im allgemeinen zu eng für die Durchführung der Komponentenzerlegung.

Bedeuten nun die 1_i ein System von Hilfszahlen x_i in obigem Sinne für die spezielle Restklasse $x \equiv 1 \bmod \mathfrak{m}$, oder also ein den Faktoren $\mathfrak{m}_i$ von $\mathfrak{m}$ entsprechendes System orthogonaler Idempotente des Restklassenrings mod $\mathfrak{m}$, so hat man allgemein

$$x \equiv x_i 1_i \bmod \mathfrak{m},$$

wobei es nur noch auf die Komponentenrestklassen

$$x_i \equiv x \bmod \mathfrak{m}_i$$

der Restklasse x mod $\mathfrak{m}$, nicht mehr auf die Normierung $x_i \equiv 1 \bmod \mathfrak{m}_i$ ankommt. Es ist dann einerseits

$$\text{(a)} \qquad \chi(x) = \prod_i \chi_i(x) = \prod_i \chi_i(x_i).$$

Werden ferner die Idempotente 1_i ganz gewählt und x sowie die x_i ganz vorausgesetzt, so gilt für Zahlen $n \equiv 0 \bmod^+ \frac{\tilde{1}}{\mathfrak{m}}$, wie sie als Parameter der zu betrachtenden Gaußschen Summen $\tau_{n,\mathfrak{n}}(\chi, \mathfrak{m} \mid 1)$ auftreten, andrerseits

$$\text{(b)} \qquad e(xn) = \prod_i e(x_i 1_i n) = \prod_i e(x_i n_i),$$

wo die Parameterkomponenten

$$n_i = 1_i n$$

durch die Eigenschaften

$$n_i \equiv n \bmod^+ \tilde{1}, \quad n_i \equiv 0 \bmod^+ \frac{\tilde{1}}{\mathfrak{m}_i} \qquad \left(\text{also } n_i \cong \tilde{1}\frac{\mathfrak{n}_i}{\mathfrak{m}_i} \text{ mit ganzen } \mathfrak{n}_i\right)$$

gekennzeichnet sind, deren letztere der Definition der Gaußschen Summen $\tau_{n_i,\mathfrak{n}_i}(\chi_i, \mathfrak{m}_i \mid 1)$ zugrunde liegen. Nach (a), (b) haben diese Gaußschen Summen als Produkt gerade die Ausgangssumme $\tau_{n,\mathfrak{n}}(\chi, \mathfrak{m} \mid 1)$. Für die (an sich entbehrlichen) zweiten Parameter $\mathfrak{n}$, $\mathfrak{n}_i$ gilt dabei

$$\frac{\mathfrak{n}_i}{\mathfrak{m}_i} = 1_i \frac{\mathfrak{n}}{\mathfrak{m}} \quad \text{und somit} \quad \mathfrak{n}_i = \mathfrak{e}_i \mathfrak{n},$$

wo $\mathfrak{e}_i$ die ganzen, zu $\mathfrak{m}$ primen Divisoren aus der Divisordarstellung $1_i \cong \mathfrak{e}_i \frac{\mathfrak{m}}{\mathfrak{m}_i}$ der zugrundegelegten Idempotente 1_i sind.

Damit ist bewiesen:

Komponentenzerlegung der Gaußschen Summen mit Zahlcharakteren. *Ist*

$$\mathfrak{m} = \prod_i \mathfrak{m}_i$$

eine Zerlegung von $\mathfrak{m}$ *in ganze, paarweise teilerfremde Divisoren* $\mathfrak{m}_i$ *von* K *und*

$$\chi = \prod_i \chi_i$$

die ihr entsprechende Komponentenzerlegung eines mod $\mathfrak{m}$ *erklärbaren Zahlcharakters* χ *in* mod $\mathfrak{m}_i$ *erklärbare Zahlcharaktere* χ_i, *so besitzt die einem Parameter* $n \cong \tilde{1}\,\frac{\mathfrak{n}}{\mathfrak{m}}$ *zugeordnete Gaußsche Summe zu* $\chi, \mathfrak{m}$ *die Komponentenzerlegung*

$$\tau_{n,\mathfrak{n}}(\chi, \mathfrak{m} \mid 1) = \prod_i \tau_{n_i, \mathfrak{n}_i}(\chi_i, \mathfrak{m}_i \mid 1)$$

in die Gaußschen Summen zu den $\chi_i, \mathfrak{m}_i$ *mit den Parametern* $n_i \cong 1_i \frac{\mathfrak{n}_i}{\mathfrak{m}_i}$, *die sich, soweit es auf sie ankommt, durch*

$$n_i \equiv n \bmod^+ \tilde{1}, \qquad n_i \equiv 0 \bmod^+ \frac{\tilde{1}}{\mathfrak{m}_i}$$

bestimmen.

Zu der letzteren Bemerkung beachte man, daß es zur eindeutigen Festlegung der Komponentensummen nur auf die Angabe der Parameterrestklassen $n_i \bmod^+ \tilde{1}$ mit $n_i \equiv 0 \bmod^+ \frac{\tilde{1}}{\mathfrak{m}_i}$, nicht auf die Auswahl der Vertreter n_i nebst den zugehörigen ganzen Divisoren $\mathfrak{n}_i$ ankommt.

4. Geht man von einem mod $\mathfrak{m}\mathfrak{w}$ erklärbaren Divisorcharakter χ aus, und sind speziell sowohl die Komponenten χ_0, v aus **2** als auch die Komponenten χ_i aus **3** wieder Divisorcharaktere, so kann man nach dem zuvor über die Parameterkomponenten $n_i, \mathfrak{n}_i$ Gesagten auf die Komponentensummen noch die allgemeine Hilfsdivisorregel aus § 2, **2** mit $c = 1_i$, $\mathfrak{c} = \mathfrak{e}_i$, also $\frac{c}{\mathfrak{c}} = \frac{\mathfrak{m}}{\mathfrak{m}_i}$, $\bar{\chi}_i(\mathfrak{e}_i) = \chi_i\left(\frac{\mathfrak{m}}{\mathfrak{m}_i}\right)$ anwenden:

$$\tau_{n_i, \mathfrak{n}_i}(\chi_i, \mathfrak{m}_i \mid 1) = \chi_i\left(\frac{\mathfrak{m}}{\mathfrak{m}_i}\right) \tau_{n,\mathfrak{n}}\left(\chi_i, \mathfrak{m}_i \,\middle|\, \frac{\mathfrak{m}}{\mathfrak{m}_i}\right),$$

wodurch sich in den Komponentensummen wieder die ursprünglichen Parameter $n, \mathfrak{n}$ herstellen. Macht man dann noch die vorangestellte Reduktion auf den Hilfsdivisor 1 rückgängig, so tritt noch der Vorzeichenfaktor $v(\mathfrak{a})$ hinzu:

$$\tau_{n,\mathfrak{n}}(\chi, \mathfrak{m}\mathfrak{w} \mid \mathfrak{a}) = v(\mathfrak{a}) \prod_i \chi_i\left(\frac{\mathfrak{m}}{\mathfrak{m}_i}\right) \tau_{n,\mathfrak{n}}\left(\chi_i, \mathfrak{m}_i\mathfrak{w} \,\middle|\, \frac{\mathfrak{m}}{\mathfrak{m}_i}\mathfrak{a}\right).$$

Diese vom rationalen Zahlkörper K = P her geläufige Form der Komponentenzerlegung[1] läßt sich aber nicht für jeden Divisorcharakter χ von K erreichen, sondern nur unter den angegebenen speziellen Voraussetzungen.

5. Im Spezialfall des rationalen Zahlkörpers K = P reduziert sich die Eigenschaft (E) auf $\chi(-1) = 1$, hebt also die geraden Zahlcharaktere χ_0 als Divisorcharaktere heraus. Die Gaußschen Summen zu ungeraden Zahlcharakteren χ_1 sind aber nach der Reduktionsregel aus **2** gleich den Gaußschen Summen zu den geraden Zahlcharakteren $\chi_0 = \chi_1 v$, wo v der (einzige) Vorzeichencharakter von P ist (gegeben durch $v(x) = \operatorname{sgn}. x$); sie lassen sich

[1] Siehe [11], § 20, **2**, V (S. 429).

daher ebenfalls als Divisorcharakteren zugeordnet ansehen. Da v als Führer die unendliche Primstelle p_∞ von P hat, gilt bei dieser Umdeutung aller Gaußschen Summen in P zu Zahlcharakteren als Gaußsche Summen zu Divisorcharakteren hinsichtlich des Führers schematisch:

Zahlcharakter χ		zugeordneter Divisorcharakter	Führer
$\chi(-1)$	Führer		
1	f	χ	f
−1	f	χv	$f p_\infty$
1	$f p_\infty$	χ	$f p_\infty$
−1	$f p_\infty$	χv	f

Da die den letzten beiden Zeilen entsprechenden Typen Gaußscher Summen nach der Reduktionsregel aus **2** gleich den aus den beiden ersten Zeilen sind, kann man sich in P auf die Betrachtung Gaußscher Summen zu Zahlcharakteren mit endlichem Führer f beschränken, wie das in [11], § 20 geschehen ist; bei der zur Unterordnung unter die allgemeine Theorie der vorliegenden Arbeit erforderlichen Umdeutung als Gaußsche Summen zu Divisorcharakteren von P kommt dann aber für ungerade Zahlcharaktere χ die unendliche Primstelle p_∞ von P in den Führer des zugeordneten Divisorcharakters hinein.

§ 6. Betragformel

Nach der allgemeinen Reduktion aus § 4, **2** genügt es, den Betrag der normierten Gaußschen Summe $\tau(\chi)$ zu bestimmen. Das kann am einfachsten unter Zuhilfenahme der Komponentenzerlegung aus § 5, **2**, **3** geschehen. Für die normierte Gaußsche Summe ist dazu zunächst die Reduktion aus § 2, **2** auf den Hilfsdivisor 1 vorzunehmen:

$$\tau(\chi) = \tau_{1,1}(\chi \mid \tilde{\mathfrak{f}}) = v(g)\,\chi(\mathfrak{g})\,\tau_{g,\mathfrak{g}}(\chi \mid 1) \quad \text{mit} \quad \left\{ \begin{array}{l} g \cong \tilde{\mathfrak{f}}\,\mathfrak{g} \\ \mathfrak{g} \text{ ganz, prim zu } \mathfrak{f} \end{array} \right\}.$$

Bei der so entstehenden Gaußschen Summe $\tau_{g,\mathfrak{g}}(\chi \mid 1)$ kann man dann χ gemäß § 5, **2** durch die Komponente χ_0 mit endlichem Führer $\mathfrak{f}$ ersetzen und gemäß § 5, **3** die Zerlegung in Komponenten nach den $\mathfrak{f}$ zusammensetzenden Primdivisorpotenzen durchführen.

Dementsprechend sei etwas allgemeiner χ von vornherein als Zahlcharakter mit endlichem Führer $\mathfrak{f}$ vorausgesetzt, der nicht notwendig aus einem Divisorcharakter vom Führer $\mathfrak{f}\mathfrak{u}$ durch Bildung der Komponente vom Führer $\mathfrak{f}$ entspringt.

Betragformel. *Für jeden Zahlcharakter χ vom endlichen Führer $\mathfrak{f}$ haben die echten eigentlichen Gaußschen Summen das Betragsquadrat*

$$|\tau_n(\chi \mid 1)|^2 = \mathfrak{N}(\mathfrak{f}).$$

Insbesondere hat demnach für jeden Divisorcharakter χ vom Führer $\mathfrak{f}\mathfrak{u}$ die normierte Gaußsche Summe das Betragsquadrat

$$|\tau(\chi)|^2 = \mathfrak{N}(\mathfrak{f}).$$

Nach den Reduktionen aus §§ 3, 4 gilt das dann auch für alle echten eigentlichen und allgemeiner alle echten primitiven Gaußschen Summen, während die echten allgemeinen Gaußschen Summen das Betragsquadrat

$$|\tau_n(\chi, \mathfrak{m}\mathfrak{w} \mid \mathfrak{a})|^2 = \frac{\Phi(\mathfrak{m})}{\Phi(\mathfrak{m}_0)}\,\mathfrak{N}(\mathfrak{f})$$

haben.

Beweis. Auf Grund der Komponentenzerlegung aus § 5, **3** genügt es, den Beweis für den Spezialfall zu erbringen, daß $\mathfrak{f} = \mathfrak{p}^\varrho$ Potenz eines Primdivisors $\mathfrak{p}$ von K (mit Exponent $\varrho \geqq 1$) ist. Es ist dann

$$\tau_n(\chi \mid 1) = \sum_{\substack{x \bmod \mathfrak{p}^\varrho,\ x \text{ ganz} \\ x \not\equiv 0 \bmod \mathfrak{p}}} \chi(x) e(xn) \quad \text{mit} \quad n \cong \tilde{1} \frac{\mathfrak{n}}{\mathfrak{p}^\varrho}, \quad (\mathfrak{n}, \mathfrak{p}) = 1.$$

In der Summationsvorschrift darf die Bedingung $x \not\equiv 0 \bmod \mathfrak{p}$ auch weggelassen werden, da $\chi(x) = 0$ für ganze $x \equiv 0 \bmod \mathfrak{p}$ ist. Demnach wird[1]

$$\begin{aligned}
|\tau_n(\chi \mid 1)|^2 = \overline{\tau_n(\chi \mid 1)}\, \tau_n(\chi \mid 1) &= \sum_{\substack{x \bmod \mathfrak{p}^\varrho \\ x \not\equiv 0 \bmod \mathfrak{p}}} \chi(x^{-1}) e(-xn) \cdot \sum_{y \bmod \mathfrak{p}^\varrho} \chi(y) e(yn) \\
&= \sum_{\substack{x \bmod \mathfrak{p}^\varrho \\ x \not\equiv 0 \bmod \mathfrak{p}}} \sum_{y \bmod \mathfrak{p}^\varrho} \chi(x^{-1} y) e((y-x)n) \\
&= \sum_{\substack{x \bmod \mathfrak{p}^\varrho \\ x \not\equiv 0 \bmod \mathfrak{p}}} \sum_{t \bmod \mathfrak{p}^\varrho} \chi(t) e(x(t-1)n) \\
&= \sum_{t \bmod \mathfrak{p}^\varrho} \chi(t) \sum_{\substack{x \bmod \mathfrak{p}^\varrho \\ x \not\equiv 0 \bmod \mathfrak{p}}} e(x(t-1)n) \\
&= \sum_{t \bmod \mathfrak{p}^\varrho} \chi(t) \sum_{x \bmod \mathfrak{p}^\varrho} e(x(t-1)n) - \sum_{t \bmod \mathfrak{p}^\varrho} \chi(t) \sum_{\substack{x \bmod \mathfrak{p}^\varrho \\ x \equiv 0 \bmod \mathfrak{p}}} e(x(t-1)n).
\end{aligned}$$

Nach den Exponentialformeln aus § 3, **4** (mit $a = 1$) ist nun

$$\sum_{x \bmod \mathfrak{p}^\varrho} e(x(t-1)n) = \begin{Bmatrix} \mathfrak{N}(\mathfrak{p}^\varrho) & \text{für } (t-1)n \equiv 0 \bmod^+ \tilde{1}, \text{ oder also } t \equiv 1 \bmod \mathfrak{p}^\varrho \\ 0 & \text{für } (t-1)n \not\equiv 0 \bmod^+ \tilde{1}, \text{ oder also } t \not\equiv 1 \bmod \mathfrak{p}^\varrho \end{Bmatrix},$$

letzteres unter Beachtung von $(\mathfrak{n}, \mathfrak{p}) = 1$, und nach denselben Formeln (mit $\mathfrak{a} = \mathfrak{p}$) ebenso

$$\sum_{\substack{x \bmod \mathfrak{p}^\varrho \\ x \equiv 0 \bmod \mathfrak{p}}} e(x(t-1)n) = \begin{Bmatrix} \mathfrak{N}(\mathfrak{p}^{\varrho-1}) & \text{für } (t-1)n \equiv 0 \bmod^+ \frac{\tilde{1}}{\mathfrak{p}}, \text{ oder also } t \equiv 1 \bmod \mathfrak{p}^{\varrho-1} \\ 0 & \text{für } (t-1)n \not\equiv 0 \bmod^+ \frac{\tilde{1}}{\mathfrak{p}}, \text{ oder also } t \not\equiv 1 \bmod \mathfrak{p}^{\varrho-1} \end{Bmatrix}.$$

Damit wird weiter

$$|\tau_n(\chi \mid 1)|^2 = \mathfrak{N}(\mathfrak{p}^\varrho) - \mathfrak{N}(\mathfrak{p}^{\varrho-1})) \sum_{\substack{t \bmod \mathfrak{p}^\varrho \\ t \equiv 1 \bmod \mathfrak{p}^{\varrho-1}}} \chi(t).$$

Die letztere Summe verschwindet aber, weil χ den Führer $\mathfrak{p}^\varrho$ hat, also in der Untergruppe $t \equiv 1 \bmod \mathfrak{p}^{\varrho-1}$ nicht der Hauptcharakter ist. Es ist daher

$$|\tau_n(\chi \mid 1)|^2 = \mathfrak{N}(\mathfrak{p}^\varrho),$$

wie behauptet.

Hecke [1, 4] folgerte übrigens die Betragformel analytisch aus der Thatertransformation, bemerkte allerdings in [6], daß sie sich auch elementar beweisen lasse; ein solcher elementarer Beweis, der im wesentlichen nach dem obigen Schema verläuft, wurde dann von *Rademacher* [8], Teil III gegeben.

---

[1] Zu der nachfolgenden Rechnung siehe das Vorbild in [11], § 20, 2 (S. 430). — Der Übersichtlichkeit halber sind in den Summationsvorschriften die Angaben „x, y, t ganz" weggelassen.

§ 7. Echte eigentliche Gaußsche Summen zu Zahlcharakteren von Primführer

1. Die allgemeinen Gaußschen Summen zu Divisorcharakteren lassen sich durch die Hilfsdivisorreduktion aus § 2, **2**, die Reduktionen des Erklärungsmoduls aus § 3, **3** und die Komponentenzerlegung aus § 6, **2**, **3** auf die echten eigentlichen Gaußschen Summen

$$\tau_n(\chi \mid 1) = \sum_{\substack{x \bmod \mathfrak{p}^\varrho \\ x \text{ ganz}}} \chi(x)\, e(xn) \qquad \left(\text{mit } n \cong \tilde{1}\frac{\mathfrak{n}}{\mathfrak{p}^\varrho},\ (\mathfrak{n}, \mathfrak{p}) = 1\right)$$

zu Zahlcharakteren χ von Primdivisorpotenzführern $\mathfrak{p}^\varrho$ $(\varrho \geqq 1)$, kurz *Primführern*, zurückführen. Wenn man, wie es in den Anwendungen meist geschieht, nur Charaktere χ eines festen natürlichen Exponenten k betrachtet, für die also $\chi^k = \varepsilon$ der Hauptcharakter ist, so kommt man bei dieser Zurückführung nicht aus dem Bereich solcher Charaktere hinaus.

Im Hinblick auf die Struktur der primen Restklassengruppen mod $\mathfrak{p}^\varrho$ in K gibt es nun Zahlcharaktere eines festen Exponenten k von Primführern $\mathfrak{p}^\varrho$ mit $\varrho > 1$ höchstens für die endlich vielen Primteiler $\mathfrak{p}$ von k, während für alle übrigen Primdivisoren $\mathfrak{p}$ von K nur der Primführer $\mathfrak{p}$ mit $\varrho = 1$ in Frage kommt, und zwar gibt es zu jedem solchen Primdivisor $\mathfrak{p}$ als Führer $(k, \mathfrak{N}(\mathfrak{p}) - 1) - 1$ Zahlcharaktere χ des Exponenten k.

Es soll jetzt gezeigt werden, daß in diesem letzteren Falle, der kurz der *reguläre* genannt sei, die zugehörigen echten eigentlichen Gaußschen Summen

$$\tau_n(\chi \mid 1) = \sum_{\substack{x \bmod \mathfrak{p} \\ x \text{ ganz}}} \chi(x)\, e(xn) \qquad \left(\text{mit } n \cong \tilde{1}\frac{\mathfrak{n}}{\mathfrak{p}},\ (\mathfrak{n}, \mathfrak{p}) = 1\right)$$

mit den aus anderem Zusammenhang [12] bekannten Gaußschen Summen im Restklassenkörper mod $\mathfrak{p}$ identisch sind.

2. Sei dazu p die $\mathfrak{p}$ enthaltende rationale Primzahl, und seien $\mathfrak{p}', \ldots$ die übrigen in p steckenden Primdivisoren von K. Für beliebige Zahlen x aus K gilt dann bekanntlich die Spurformel

$$S(x) = S_\mathfrak{p}(x) + S_{\mathfrak{p}'}(x) + \cdots,$$

wo $S_\mathfrak{p}, S_{\mathfrak{p}'}, \ldots$ die Spuren in den $\mathfrak{p}, \mathfrak{p}', \ldots$ entsprechenden perfekten Hüllen $\mathsf{K}_\mathfrak{p}, \mathsf{K}_{\mathfrak{p}'}, \ldots$ bedeuten.

Analog zu der in § 1, **1** eingeführten Exponentialfunktion $e(x)$ in K liefert nun für jeden Primdivisor $\mathfrak{p}$ von p in K die Bildung

$$e_\mathfrak{p}(x_\mathfrak{p}) = e^{2\pi i S_\mathfrak{p}(x_\mathfrak{p})}$$

für beliebige Zahlen $x_\mathfrak{p}$ aus $\mathsf{K}_\mathfrak{p}$ einen Homomorphismus der Additionsgruppe $\mathsf{K}_\mathfrak{p}^+$ in (und sogar auf) die Gruppe aller Einheitswurzeln von p-Potenzordnung, bei dem alle Zahlen $x_\mathfrak{p}^{(0)} \equiv 0 \bmod^+ \tilde{1}_\mathfrak{p}$ auf 1 abgebildet werden, so daß also die Exponentialfunktion $e_\mathfrak{p}(x_\mathfrak{p})$ nur von der additiven Restklasse $x_\mathfrak{p} \bmod^+ \tilde{1}_\mathfrak{p}$ abhängt. Dabei bezeichnet $\tilde{1}_\mathfrak{p} = \mathfrak{d}_\mathfrak{p}^{-1}$ die reziproke Differente von $\mathsf{K}_\mathfrak{p}$, die bekanntlich mit dem Beitrag von $\mathfrak{p}$ zur reziproken Differente $\tilde{1} = \mathfrak{d}^{-1}$ von K identisch ist.

Für die in die zu betrachtende Gaußsche Summe eingehenden Werte der Exponentialfunktion in K ergibt sich demgemäß aus der obigen Spurformel zunächst die Aufspaltung

$$e(xn) = e_\mathfrak{p}(xn)\, e_{\mathfrak{p}'}(xn) \cdots.$$

Da aber für n als Zahl aus $\mathsf{K}_{\mathfrak{p}'}, \ldots$ die Kongruenzen $n \equiv 0 \bmod^+ \tilde{1}_{\mathfrak{p}'}, \ldots$ gelten, hat man einfach

$$e(xn) = e_\mathfrak{p}(xn).$$

Demnach ist

$$\tau_n(\chi \mid 1) = \sum_{\substack{x \bmod \mathfrak{p} \\ x \text{ ganz}}} \chi(x)\, e_{\mathfrak{p}}(xn).$$

Sei weiter $\mathsf{T}_{\mathfrak{p}}$ der Trägheitskörper von $\mathsf{K}_{\mathfrak{p}}$. Das ganzzahlige Restsystem $x \bmod \mathfrak{p}$ kann in $\mathsf{T}_{\mathfrak{p}}$ gewählt werden. Dann hat man

$$e_{\mathfrak{p}}(xn) = e^{2\pi i S_{\mathfrak{p}}(xn)} = e^{2\pi i s_{\mathfrak{p}}(x\sigma_{\mathfrak{p}}(n))},$$

wo $s_{\mathfrak{p}}$ die Spur in $\mathsf{T}_{\mathfrak{p}}$ und $\sigma_{\mathfrak{p}}$ die Relativspur für $\mathsf{K}_{\mathfrak{p}}/\mathsf{T}_{\mathfrak{p}}$ bedeutet. Da nun für n als Zahl aus $\mathsf{K}_{\mathfrak{p}}$ wegen $(\mathfrak{n}, \mathfrak{p}) = 1$ die Divisordarstellung $n \cong \frac{\tilde{1}_{\mathfrak{p}}}{\mathfrak{p}}$ besteht, liefert die Relativspurbildung

$$\sigma_{\mathfrak{p}}(n) = \frac{n^*}{p} \text{ mit ganzem } n^* \not\equiv 0 \bmod p \text{ aus } \mathsf{T}_{\mathfrak{p}}.$$

Damit ergibt sich weiter

$$\tau_n(\chi \mid 1) = \sum_{\substack{x \bmod \mathfrak{p},\ x \text{ in } \mathsf{T}_{\mathfrak{p}} \\ x \text{ ganz}}} \chi(x)\, e^{\frac{2\pi i}{p} s_{\mathfrak{p}}(xn^*)},$$

Hierin können aber die x, n^* statt als ganzzahlige Restklassenvertreter aus $\mathsf{T}_{\mathfrak{p}}$ auch als Elemente des Restklassenkörpers mod $\mathfrak{p}$ von K gedeutet werden, und $s_{\mathfrak{p}}$ demgemäß als die Spur s in diesem endlichen Körper Π von $\mathfrak{N}(\mathfrak{p})$ Elementen.

Damit ist bewiesen:

Die echten eigentlichen Gaußschen Summen $\tau_n(\chi \mid 1)$ zu Zahlcharakteren χ von Primführern $\mathfrak{p}$ in K sind identisch mit den echten Gaußschen Summen

$$\tau_{n^*}(\chi) = \sum_{x \text{ in } \Pi} \chi(x)\, e^{\frac{2\pi i}{p} s(xn^*)}$$

im endlichen Körper Π von $\mathfrak{N}(\mathfrak{p})$ Elementen, und zwar bei der Parameterzuordnung

$$n^* = (\textit{Restklasse } \sigma_{\mathfrak{p}}(pn) \bmod p),$$

wo $\sigma_{\mathfrak{p}}$ die Relativspur von $\mathsf{K}_{\mathfrak{p}}$ nach dem Trägheitskörper $\mathsf{T}_{\mathfrak{p}}$ bedeutet.

Auf Grund dieser Identität übertragen sich die arithmetischen Ergebnisse aus [12] über die echten Gaußschen Summen $\tau_{n^*}(\chi)$ in endlichen Körpern Π auf die echten eigentlichen Gaußschen Summen $\tau_n(\chi \mid 1)$ zu Zahlcharakteren χ von Primführern $\mathfrak{p}$ in endlich-algebraischen Zahlkörpern K und damit dann auch auf die echten eigentlichen Gaußschen Summen $\tau_n(\chi \mid \mathfrak{a})$ zu Divisorencharakteren χ von Führern $\mathfrak{f}\mathfrak{u}$, die prim zur Ordnung k von χ sind.

3. Was den beiseitegelassenen *irregulären* Fall der echten eigentlichen Gaußschen Summen $\tau_n(\chi \mid 1)$ zu Zahlcharakteren χ von Primführern $\mathfrak{p}^\varrho$ mit $\varrho > 1$ betrifft, bei dem dann $\mathfrak{p}$ ein Teiler der Ordnung k von χ ist, so ist zu vermuten, daß sie sich auf elementar auswertbare Summen und die von *H. L. Schmid* [13] eingeführten verallgemeinerten Gaußschen Summen in Wittschen Vektorringen über endlichen Körpern Π zurückführen lassen.

Literaturverzeichnis

A. Gaußsche Summen in algebraischen Zahlkörpern

[1] *E. Hecke*, Über die *L*-Funktionen und den Dirichletschen Primzahlsatz für einen beliebigen algebraischen Zahlkörper, Gött. Nachr., Math.-phys. Kl., 1917, 299—318.

[2] *E. Landau*, Über Ideale und Primideale in Idealklassen, Math. Zeitschr. **2** (1918), 52—154.

[3] *E. Hecke*, Reziprozitätsgesetz und Gaußsche Summen in quadratischen Zahlkörpern, Gött. Nachr., Math.-phys. Kl., 1919, 265—278.

[4] *E. Hecke*, Eine neue Art von Zetafunktionen und ihre Beziehungen zur Verteilung der Primzahlen, Teil II, Math. Zeitschr. **6** (1920), 11—51.

[5] *L. J. Mordell*, On the reciprocity formula for the Gauss's sums in the quadratic field, Proc. London Math. Soc. (2) **20** (1920), 289—296.

[6] *E. Hecke*, Bestimmung der Klassenzahl einer neuen Reihe von algebraischen Zahlkörpern, Gött. Nachr. Math.-phys. Kl., 1921, 1—23.

[7] *E. Hecke*, Vorlesungen über die Theorie der algebraischen Zahlen, Leipzig 1923, § 54.

[8] *H. Rademacher*, Zur additiven Primzahltheorie algebraischer Zahlkörper, Teile I, II, Abh. Math. Sem. Hamburg **3** (1924), 109—163, 331—378; Teil III, Math. Zeitschr. **27** (1927), 321—426.

[9] *W. Cramer*, Die Reziprozitätsformel für Gaußsche Summen in reell-quadratischen Zahlkörpern, Dissertation, Breslau 1932, 27 S.

[10] *D. Kunert*, Ein neuer Beweis für die Reziprozitätsformel der Gaußschen Summen in beliebigen algebraischen Zahlkörpern, Math. Zeitschr. **40** (1935), 326—347.

[11] *H. Hasse*, Vorlesungen über Zahlentheorie, Berlin 1950, § 20.

B. Gaußsche Summen in endlichen Körpern

[12] *H. Davenport* — *H. Hasse*, Die Nullstellen der Kongruenzzetafunktionen in gewissen zyklischen Fällen Journ. reine angew. Math. **172** (1934), 151—182.

[13] *H. L. Schmid*, Kongruenzzetafunktionen in zyklischen Körpern, Abh. Preuß. Akad. Wiss. 1941, Math.-naturw. Kl., Nr. 14, 1—30.